河南省工程建设地方标准

防渗墙塑性混凝土试验技术标准

Technical standard of test for
plastic concrete cut-off wall

DBJ41/T 254—2021

主编单位:黄河水利委员会基本建设工程质量检测中心
　　　　　河南黄科工程技术检测有限公司
批准单位:河南省住房和城乡建设厅
施行日期:2021 年 11 月 1 日

U0364700

黄河水利出版社

2022　郑州

图书在版编目(CIP)数据

防渗墙塑性混凝土试验技术标准/黄河水利委员会
基本建设工程质量检测中心,河南黄科工程技术检测有限
公司主编.—郑州:黄河水利出版社,2022.7

ISBN 978-7-5509-3333-0

Ⅰ.①防… Ⅱ.①黄… ②河… Ⅲ.①混凝土防渗墙
-材料试验-技术标准 Ⅳ.①TV223.4-65

中国版本图书馆 CIP 数据核字(2022)第 128156 号

出 版 社:黄河水利出版社　　　　　　网址:www.yrcp.com
　　　地址:河南省郑州市顺河路黄委会综合楼 14 层　邮政编码:450003
发行单位:黄河水利出版社
　　　发行部电话:0371-66026940、66020550、66028024、66022620(传真)
　　　E-mail:hhslcbs@126.com
承印单位:河南新华印刷集团有限公司
开本:850 mm×1 168 mm　1/32
印张:2.875
字数:72 千字
版次:2022 年 7 月第 1 版　　　　　　印次:2022 年 7 月第 1 次印刷

定价:36.00 元

河南省住房和城乡建设厅文件

公告〔2021〕74号

河南省住房和城乡建设厅
关于发布工程建设标准《防渗墙塑性混凝土试验技术标准》的公告

现批准《防渗墙塑性混凝土试验技术标准》为我省工程建设地方标准,编号为 DBJ41/T 254—2021,自 2021 年 11 月 1 日起在我省施行。

本标准在河南省住房和城乡建设厅门户网站(www.hnjs.gov.cn)公开,由河南省住房和城乡建设厅负责管理。

河南省住房和城乡建设厅

2021 年 9 月 24 日

前　言

本标准根据《河南省住房和城乡建设厅关于印发〈2016年度河南省工程建设标准制定修订计划〉的通知》（豫建设标〔2016〕18号）制定。

在编制本标准过程中，进行了广泛的调查研究、专题试验论证，认真总结了国内外塑性混凝土的试验方法和试验资料，吸收了塑性混凝土的最新研究成果，参考了相关标准的有关内容。

本标准主要技术内容包括总则、术语、原材料试验、塑性混凝土拌合物性能试验、塑性混凝土力学性能试验（包括立方体抗压强度试验、劈裂抗拉强度试验、抗拉强度试验、轴心抗压强度与静力抗压弹性模量试验、抗剪强度试验、常规三轴试验、真三轴压缩试验、动力性能试验）、塑性混凝土渗透性能试验（包括室内试验、现场试验等）。

在执行本标准过程中如有意见和建议，请反馈给黄河水利委员会基本建设工程质量检测中心（通信地址：河南省郑州市金水区顺河路45号；邮编：450003；电话：0371-66025334/66024500），以供今后修订时参考。

本标准由黄河水利委员会基本建设工程质量检测中心提出。

主 编 单 位：黄河水利委员会基本建设工程质量检测中心
　　　　　　河南黄科工程技术检测有限公司
参 编 单 位：黄河水利委员会黄河水利科学研究院
　　　　　　华北水利水电大学
　　　　　　河南省水利科学研究院
　　　　　　南阳市建设工程质量监督站
　　　　　　河南天龙检测有限公司

中国水利水电第十一工程局有限公司

河南黄河勘测规划设计研究院有限公司

主要起草人：宋　力　王四巍　鲁立三　冷元宝　高玉琴

潘旭威　常芳芳　张　凯　李冬冬　刘　忠

王　荆　郭博文　余元宝　校永志　张俊霞

郑　钊　赵志忠　李　娜　马晓超　马　涛

王　锐　李长征　唐伟东　陈晓红　罗　伟

主要审查人：李美利　孙觅博　张多新　杜思义　李振华

杨　杰　裴松伟　卢利敏

目　次

1 总　　则

1.0.1　为统一防渗墙塑性混凝土的试验方法,适应防渗墙塑性混凝土新的发展,制定本标准。

1.0.2　本标准主要适用于防渗墙塑性混凝土的室内试验和现场试验、检测及质量控制。

1.0.3　防渗墙塑性混凝土试验除应符合本标准外,尚应符合国家现行有关标准的规定。

2 术 语

2.0.1 塑性混凝土 plastic concrete

由膨润土、黏土、水泥、砂、石和水等原料经搅拌、浇筑、凝结而成的一类混凝土,其拌合物坍落度 180~240 mm,扩散度 340~440 mm;其 28 d 单轴抗压强度一般不大于 5.00 MPa、弹性模量介于 500~2 000 MPa;其渗透系数量级介于 10^{-7}~10^{-9} cm/s。

2.0.2 膨润土的膨胀指数 swelling index for bentonite

2 g 膨润土在水中膨胀 24 h 后的体积。

2.0.3 膨润土的吸蓝量 methylene blue index for bentonite

100 g 膨润土在水中饱和吸附无水亚甲基蓝的量(g)。

2.0.4 塑性混凝土常规三轴试验 triaxial test for plastic concrete

是使试件处于两个侧压相等条件下的三轴压缩试验,用于研究常规三轴应力下塑性混凝土变形及强度特性。

2.0.5 塑性混凝土真三轴试验 true triaxial test for plastic concrete

是使塑性混凝土试件处于三个主应力不相等的应力组合状态下的三轴压缩试验,用于研究真三轴应力下塑性混凝土变形及强度特性。

2.0.6 塑性混凝土渗透试验 seepage test for plastic concrete

根据塑性混凝土试件的渗透流量,计算塑性混凝土渗透系数,评价其抗渗能力的试验。

3 原材料试验

3.1 砂料颗粒级配试验

3.1.1 本试验用于测定砂料颗粒级配,以评定砂料品质和进行质量控制。

3.1.2 仪器设备包括以下几种。

    1 天平:称量 1 000 g,感量 1 g。

    2 筛:砂料标准筛一套,孔形为方孔,孔径分别为 10 mm、5 mm、2.5 mm、1.25 mm、0.63 mm、0.315 mm、0.16 mm,以及底盘和盖。

    3 摇筛机。

    4 烘箱:控制温度 105 ℃±5 ℃。

    5 搪瓷盘、毛刷等。

3.1.3 试验步骤应按以下规定执行:

    1 用于颗粒级配试验的砂样,颗粒粒径不应大于 10 mm。取样前,应先将砂样通过 10 mm 筛,并计算出其筛余百分率。然后取在潮湿状态充分拌匀、用四分法缩分至每份不少于 550 g 的砂样两份,在 105 ℃±5 ℃下烘至质量恒定,冷却至室温后,再按下述步骤进行试验。质量恒定指相邻两次称量间隔时间大于 3 h 的情况下,前后两次称量之差小于该项试验所要求的称量精度。

    2 取砂样 500 g,置于按筛孔大小顺序排列的套筛的最上一号筛(5 mm)上,加盖,将整套筛安装在摇筛机上,摇 10 min 取下套筛,按筛孔大小顺序在清洁的搪瓷盘上逐个用手筛,筛至每分钟通过量不超过砂样总量的 0.1% 为止。通过的颗粒并入下一号筛中,并和下一号筛中的砂样一起过筛。按顺序进行,直至各号筛全部筛完为止。

3 当砂样在各号筛上的筛余量超过 200 g 时,应将该筛余砂样分成两份,再进行筛分,并以两次筛余量之和作为该号筛的筛余量。

4 筛完后,将各筛上剩余的砂粒用毛刷轻轻刷净,称出每号筛上的筛余量。

3.1.4 试验结果处理应按以下规定执行:

1 计算分计筛余百分率,即各号筛上的筛余量除以砂样总量的百分率(准确至 0.1%)。

2 计算累计筛余百分率,即该号筛上的分计筛余百分率与大于该号筛的各号筛的分计筛余百分率的总和。

3 细度模数按式(3.1.4)计算(准确至 0.01):

$$FM = \frac{(A_2 + A_3 + A_4 + A_5 + A_6) - 5A_1}{100 - A_1} \qquad (3.1.4)$$

式中 FM——砂料细度模数;

A_1、A_2、A_3——5.0 mm、2.5 mm、1.25 mm 各筛上的累计筛余百分率;

A_4、A_5、A_6——0.63 mm、0.315 mm、0.16 mm 各筛上的累计筛余百分率。

4 以两次测值的平均值作为试验结果。如各筛筛余量和底盘中粉砂质量的总和与原试样质量相差超过试样量的 1%,或两次测试的细度模数相差超过 0.2 时,应重做试验。

5 根据各号筛的累计筛余百分率测定值绘制筛分曲线。

3.2　砂料表观密度及吸水率试验

3.2.1 本试验用于测定砂料表观密度、饱和面干表观密度及吸水率,供塑性混凝土配合比计算及评定砂料质量用。

3.2.2 仪器设备包括以下几种。

1 天平:称量 1 000 g、感量 0.5 g。

2 容量瓶:1 000 mL。

3 烘箱:控制温度 105 ℃±5 ℃。

4 手提吹风机。

5 标准筛(5 mm)。

6 饱和面干试模:金属制,上口直径 38 mm,下口直径 89 mm,高 73 mm。另附铁制捣棒,直径 25 mm,质量 340 g。

7 温度计、搪瓷盘、毛刷、吸水纸等。

3.2.3 试验步骤应按以下规定执行。

1 砂样制备。将砂料通过 5 mm 筛,用四分法取样,并置于 105 ℃±5 ℃烘箱中烘至质量恒定,冷却至室温备用。

2 干砂表观密度的检验按以下步骤进行:

1)称取砂样 600 g(G_1)两份,按下述步骤分别进行测试。

2)将砂样装入盛半瓶水的容量瓶中,用手旋转摇动容量瓶,使砂样充分搅动,排除气泡。塞紧瓶盖,静置 24 h,量出瓶内水温,然后用移液管加水至容量瓶颈刻度线处,塞紧瓶盖,擦干瓶外水分,称其质量 G_2。

3)将瓶内的水和砂样全部倒出,洗净容量瓶,再向瓶内注水至瓶颈刻度线处,擦干瓶外水分,称其质量 G_3。

3 饱和面干砂表观密度的检验应按以下步骤进行:

1)称取砂样约 1 500 g,装入搪瓷盘中,注入清水,使水面高出砂样 2 cm 左右,用玻璃棒轻轻搅拌,排出气泡。静置 24 h 后将水倒出,摊开砂样。用手提吹风机缓缓吹入暖风,并不断翻拌砂样,使砂样表面的水分均匀蒸发。

2)将砂样分两层装入饱和面干试模中,第一层装入试模高度的一半,一手按住试模不得错动,一手用捣棒自砂样表面高约 1

cm 处自由落下,均匀插捣 13 次;第二层装满试模,再插捣 13 次。刮平模口后,垂直将试模轻轻提起。如砂样呈图 3.2.3(a)的形状,说明砂样表面水多,应继续吹干,然后再按上述方法进行试验,直至试模提起后,砂样开始坍落呈图 3.2.3(b)的形状,即为饱和面干状态。如试模提起后,试样呈图 3.2.3(c)的形状,说明砂样已过分干燥,此时应喷水 5~10 mL,将砂样充分拌匀,加盖后静置 30 min,再按上述方法进行试验,直至达到要求为止。

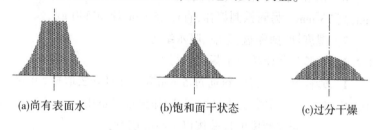

(a)尚有表面水　　　　　(b)饱和面干状态　　　　　(c)过分干燥

图 3.2.3　砂样的坍落情况

　　3)迅速称取饱和面干砂样 600 g(G_0)两份,分别装入两个盛半瓶水的容量瓶内,用手旋转摇动容量瓶,排除气泡后,静置 30 min,测瓶内水温,然后加水至容量瓶颈刻度线处,塞紧瓶盖,擦干瓶外水分,称出质量 G_4。

　　4)倒出瓶内的水和砂样,将瓶洗净,再注水至瓶颈刻度线处,擦干瓶外水分,塞紧瓶盖,称出质量 G_3。砂料表观密度检验,允许在室温 20 ℃±5 ℃下进行,在检验操作过程中,两次加入容量瓶中的水,其温差不得超过 2 ℃。

　　5)砂料饱和面干吸水率的测定。称取饱和面干砂样 500 g(G_0)两份,烘至质量恒定,冷却至室温后测出质量 G。

3.2.4　试验结果处理应按以下规定执行。

　1　表观密度应按式(3.2.4-1)计算(准确至 10 kg/m³):

$$\rho = \frac{G_1}{G_1 + G_3 - G_2} \times 1\ 000 \qquad (3.2.4\text{-}1)$$

式中 ρ——干砂表观密度,kg/m³;

$\quad\quad G_1$——烘干砂质量,g;

$\quad\quad G_2$——烘干砂样、水及容量瓶总质量,g;

$\quad\quad G_3$——水及容量瓶总质量,g。

2 饱和面干砂表观密度按式(3.2.4-2)计算(准确至 10 kg/m³):

$$\rho_1 = \frac{G_0}{G_0 + G_3 - G_4} \times 1\,000 \quad\quad (3.2.4\text{-}2)$$

式中 ρ_1——饱和面干砂表观密度,kg/m³;

$\quad\quad G_0$——饱和面干砂样质量,g;

$\quad\quad G_3$——水及容量瓶总质量,g;

$\quad\quad G_4$——饱和面干砂样、水及容量瓶总质量,g。

3 饱和面干吸水率按式(3.2.4-3)、式(3.2.4-4)计算(准确至 0.1%):

$$\alpha_1 = \frac{G_0 - G}{G} \times 100 \quad\quad (3.2.4\text{-}3)$$

$$\alpha_2 = \frac{G_0 - G}{G_0} \times 100 \quad\quad (3.2.4\text{-}4)$$

式中 α_1——以干砂为基准的饱和面干吸水率(%);

$\quad\quad \alpha_2$——以饱和面干砂为基准的饱和面干吸水率(%);

$\quad\quad G_0$——饱和面干砂样质量,g;

$\quad\quad G$——烘干砂样质量,g。

4 以两次测值的平均值作为试验结果。如两次表观密度试验测值相差大于 20 kg/m³,或两次吸水率试验测值相差大于 0.2%,试验应该重做。

3.3 砂料含水率及表面含水率试验

3.3.1 本试验用于测定砂料中总的含水率及表面含水率(以饱

和面干状态为准),供拌和塑性混凝土修正用水量和用砂量用。

3.3.2 仪器设备包括以下几种。

1 天平:称量 1 000 g、感量 1 g。

2 烘箱或电炉或红外线干燥器。

3 金属制盛砂盘、毛刷等。

3.3.3 试验步骤应按以下规定执行:

1 称取砂样 500 g(G_1)两份,按下述步骤分别进行测试。

2 将砂样装入盘中,放入 105 ℃±5 ℃的烘箱中烘干(或放在电炉上或放在红外线干燥器中炒干或烘干),冷却后称取砂样的质量 G_2。

3.3.4 试验结果处理按以下方法进行。

1 含水率按式(3.3.4-1)、式(3.3.4-2)计算(准确至 0.1%):

$$m_1 = \frac{G_1 - G_2}{G_2} \times 100 \qquad (3.3.4\text{-}1)$$

$$m_2 = \frac{G_1 - G_2}{G_2(1 + \alpha_1)} \times 100 \qquad (3.3.4\text{-}2)$$

式中 m_1——以干砂为基准的含水率(%);

m_2——以饱和面干砂为基准的含水率(%);

G_1——砂样质量,g;

G_2——烘干砂样质量,g;

α_1——以干砂为基准的饱和面干吸水率,以小数表示,如吸水率为 1%,取 0.01。

2 表面含水率按式(3.3.4-3)计算(准确至 0.1%):

$$m_s = \frac{G_1 - G_2(1 + \alpha_1)}{G_2(1 + \alpha_1)} \times 100 \qquad (3.3.4\text{-}3)$$

式中 m_s——表面含水率(%);

其他符号含义同前。

以两次测值的平均值作为试验结果。如两次吸水率试验测值相差大于 0.5%,试验应该重做。

3.4 砂料堆积密度及孔隙率试验

3.4.1 本试验用于测定砂料堆积密度和孔隙率,评定砂料品质。

3.4.2 仪器设备包括以下几种。

1 天平:称量 5 000 g、感量 1 g。

2 容量筒:容积为 1 L 的金属圆筒。

3 烘箱:控制温度 105 ℃±5 ℃。

4 漏斗:如图 3.4.2 所示。

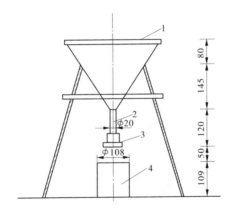

1—漏斗;2—φ20 管子;3—活动闸门;4—容量筒。

图 3.4.2　漏斗示意图　(单位:mm)

5 直尺、浅搪瓷盘等。

3.4.3 试验步骤应按以下规定执行。

1 用浅搪瓷盘装砂样 10 kg,在温度 105 ℃±5 ℃的烘箱中烘至质量恒定,取出并冷却至室温,分成大致相等的两份备用。

2 称出空容量筒质量。

3 将砂样装入漏斗中,打开漏斗活动闸门,使砂样从漏斗口(高于容量筒顶面 5 cm)落入容量筒内,直至砂样装满容量筒并超出筒口时为止。用直尺沿筒口中心线向两侧方向轻轻刮平,然后称其质量。

4 容量筒容积的校正方法为:称取空容量筒和玻璃板的总质量,将 20 ℃±2 ℃的自来水装满容量筒,用玻璃板沿筒口推移使其紧贴水面,盖住筒口(玻璃板和水面间不得带有气泡),擦干筒外壁的水,然后称其质量。

3.4.4 试验结果处理应按以下规定执行。

1 堆积密度按式(3.4.4-1)计算(准确至 10 kg/m³),以两次测值的平均值作为试验结果。

$$\rho_0 = \frac{G_2 - G_1}{V} \times 1\ 000 \qquad (3.4.4\text{-}1)$$

式中 ρ_0——堆积密度,kg/m³;

G_1——容量筒质量,kg;

G_2——容量筒及砂样总质量,kg;

V——容量筒的容积,L。

2 容量筒的容积按式(3.4.4-2)计算:

$$V = g_2 - g_1 \qquad (3.4.4\text{-}2)$$

式中 V——容量筒的容积,L;

g_1——容量筒及玻璃板总质量,kg;

g_2——容量筒、玻璃板及水总质量,kg。

3 孔隙率按式(3.4.4-3)计算(准确至 1%):

$$V_0 = \left(1 - \frac{\rho_0}{\rho}\right) \times 100 \qquad (3.4.4\text{-}3)$$

式中 V_0——孔隙率,即砂样中孔隙体积占砂样总体积的百分率（%）；

ρ_0——砂样堆积密度,kg/m³；

ρ——干砂表观密度,kg/m³。

3.5 砂料泥块含量试验

3.5.1 本试验用于检验砂料中泥块含量,评定砂料品质。

3.5.2 仪器设备包括以下几种。

1 天平:称量1 000 g、感量1 g。

2 烘箱:控制温度105 ℃±5 ℃。

3 筛:标准筛1.25 mm、0.63 mm各一只。

4 搪瓷盘、毛刷、铝铲等。

3.5.3 试验步骤应按以下规定执行。

1 称取烘干的砂样500 g(G_0)两份,按下述步骤分别进行测试。

2 将砂样用1.25 mm筛筛分,称取1.25 mm以上的砂样质量G,不得少于100 g;否则,须增加筛分前的砂样量。

3 将1.25 mm以上的砂样在搪瓷盘中摊成薄层,用手捏碎所有泥块,然后用0.63 mm筛过筛,称出剩余砂样的质量G_1。

3.5.4 泥块含量按式(3.5.4)计算(准确至0.1%):

$$Q_c = \frac{G - G_1}{G_0} \times 100 \qquad (3.5.4)$$

式中 Q_c——泥块含量(%)；

G——1.25 mm以上砂样质量,g；

G_1——筛除泥块后的砂样质量,g；

G_0——砂样质量,g。

以两次测值的平均值作为试验结果。

3.6 人工砂石粉含量试验

3.6.1 本试验用于测定人工砂中的石粉(小于 0.16 mm 的颗粒)含量及微粒(小于 0.08 mm 的颗粒)含量,供评定砂料品质及塑性混凝土配合比设计用。

3.6.2 仪器设备包括以下几种。

1 天平:称量 1 000 g,感量 1 g。

2 烘箱:控制温度 105 ℃±5 ℃。

3 筛:标准筛,孔径 1.25 mm、0.16 mm、0.08 mm 各一只及底盘和盖。

4 洗砂筒(深度大于 250 mm)、搅棒、搪瓷盘等。

3.6.3 试验步骤应按以下规定执行。

1 称取烘干的砂样 500 g 两份,按下述步骤分别进行试验。

2 将砂样放入洗砂筒中,注入清水淹没砂样并充分搅拌后,浸泡 2 h,然后用手在水中淘洗砂样,约 1 min 后,把浑水倒入 1.25 mm、0.16 mm 及 0.08 mm 套筛上(筛孔由大到小,上下套放),滤去小于 0.08 mm 的颗粒。在整个试验过程中,应避免砂粒丢失。

3 再在筒中加入清水,重复上述操作,直至筒内的水清澈为止。

4 用水冲洗剩留在筛上的颗粒,并将 0.08 mm 筛放在水中来回摇动,以充分洗除小于 0.08 mm 的颗粒。将 1.25 mm 和 0.16 mm 筛上颗粒及 0.08 mm 筛上颗粒分别倒入两个搪瓷盘中(大于 0.16 mm 的砂料倒入搪瓷盘 A,小于 0.16 mm 大于 0.08 mm 的砂料倒入搪瓷盘 B)。

5 筒中剩余砂样用上述套筛滤除去水分并烘干后,按上述试验步骤进行筛分,并将 1.25 mm 和 0.16 mm 两个筛上的颗粒及 0.08 mm 筛上的颗粒分别倒入相应的搪瓷盘(A、B)中,置于 105 ℃±5 ℃

的烘箱中烘至恒重,待冷却至室温后,分别称重。

3.6.4 试验结果处理应按以下规定执行。

1 砂料中石粉含量按式(3.6.4-1)计算(准确至0.1%):

$$Q_g = \frac{G - G_A}{G} \times 100 \qquad (3.6.4\text{-}1)$$

式中 Q_g——人工砂中石粉含量(%);

      G——试验前的烘干砂样质量,g;

      G_A——搪瓷盘A中大于0.16 mm的烘干砂样质量,g。

2 砂料中微粒含量按式(3.6.4-2)计算(准确至0.1%):

$$Q_m = \frac{G - (G_A + G_B)}{G} \times 100 \qquad (3.6.4\text{-}2)$$

式中 Q_m——人工砂中微粒含量(%);

      G_B——搪瓷盘B中大于0.08 mm小于0.16 mm的烘干砂样质量,g。

3 石粉中微粒含量按式(3.6.4-3)计算(准确至0.1%),以两次测值的平均值作为试验结果,如两次测值相差大于0.5%,应重做试验。

$$Q_{ms} = \frac{G - (G_A + G_B)}{G - G_A} \times 100 \qquad (3.6.4\text{-}3)$$

式中 Q_{ms}——石粉中微粒含量(%)。

3.7 石料颗粒级配试验

3.7.1 本试验用于测定石料的颗粒级配,供塑性混凝土配合比设计时选择骨料级配,原则上最大骨料粒径不超过20 mm。

3.7.2 仪器设备包括以下几种。

1 筛:孔径分别为20 mm、10 mm和5 mm的方孔筛。

2 磅秤:称量50 kg、感量50 g。

3 台秤:称量 10 kg、感量 5 g。

4 铁锹、铁盘或其他容器等。

3.7.3 试验步骤应按以下规定执行:

1 试验前应将样品缩分至表 3.7.3 所规定的试样最小质量,并烘干或风干后备用。

表 3.7.3 试样取样最小质量

公称粒径/mm	5	10	20
试样最小质量/kg	1.0	2.0	4.0

2 将试样按照筛孔由大到小的顺序过筛,直至每分钟的通过量不超过试样总量的 0.1% 为止。但在每号筛上的筛余平均层厚应不大于试样的最大粒径值,如超过此值,应将该号筛上的筛余分成两份,再次进行筛分。

3 称取各筛筛余量,精确至试样总质量的 0.1%。

3.7.4 试验结果处理应按以下规定执行:

1 计算分计筛余百分率,即各号筛上的筛余量除以试样总量的百分率(精确至 0.1%)。

2 计算累计筛余百分率,即该号筛上的分计筛余百分率与大于该号筛的各号筛的分计筛余百分率的总和。

3 以两次测值的平均值作为试验结果。筛分后,如每号筛上的筛余量和底盘上的筛余量之和与原试样量相差超过 1%,试验应重做。

3.8 石料表观密度及吸水率试验

3.8.1 本试验用于测定石料表观密度、饱和面干表观密度及吸水率,供塑性混凝土配合比设计及评定石料品质用。

3.8.2 仪器设备包括以下几种。

1 天平:称量 5 kg、感量 1 g,能在水中称量。

2 网篮:网孔径小于 5 mm,直径和高度均约 200 mm。

3 烘箱:控制温度 105 ℃±5 ℃。

4 盛水桶:直径约 400 mm,高约 600 mm。

5 台秤:称量 10 kg、感量 5 g。

3.8.3 试验步骤应按以下规定执行。

1 用四分法取样,并用自来水将骨料冲洗干净,称取 2 kg 试样两份。

2 将试样浸入盛水的容器中,水面至少高出试样 50 mm,浸泡 24 h。

3 将网篮全部浸入盛水桶中,称出网篮在水中的质量。将浸泡后的试样装入网篮内,放入盛水桶中,用上下升降网篮的方法排除气泡(试样不得漏出水面)。称出试样和网篮在水中的总质量。两者之差即为试样在水中的质量 G_2。两次称量时,水的温度相差不得大于 2 ℃。

4 将试样从网篮中取出,用拧干后的湿毛巾吸干试样表面多余水至饱和面干状态(石子表面无水膜),并立即称出质量 G_3。

5 将试样在温度为 105 ℃±5 ℃烘箱中烘干,冷却后称出质量 G_1。

3.8.4 表观密度、饱和面干表观密度和吸水率分别按式(3.8.4-1)~式(3.8.4-4)计算(准确至 10 kg/m³):

$$\rho = \frac{G_1}{G_1 - G_2} \times 1\,000 \qquad (3.8.4\text{-}1)$$

$$\rho_1 = \frac{G_3}{G_3 - G_2} \times 1\,000 \qquad (3.8.4\text{-}2)$$

$$\alpha_1 = \frac{G_3 - G_1}{G_1} \times 100 \qquad (3.8.4\text{-}3)$$

$$\alpha_2 = \frac{G_3 - G_1}{G_3} \times 100 \qquad (3.8.4\text{-}4)$$

式中 ρ——表观密度，kg/m^3；

ρ_1——饱和面干表观密度，kg/m^3；

α_1——以干料为基准的吸水率(%)；

α_2——以饱和面干状态为基准的吸水率(%)；

G_1——烘干试样质量，g；

G_2——试样在水中的质量，g；

G_3——饱和面干试样在空气中的质量，g。

以两次测值的平均值作为试验结果。如两次表观密度试验测值相差大于 20 kg/m^3，或两次吸水率试验测值相差大于 0.2%，试验应该重做。

3.9 石料表面含水率试验

3.9.1 本试验用于测定石料的表面含水率(以饱和面干状态为准)，供拌和塑性混凝土时修正用水量和用石量。本试验适用于含水率超过饱和面干吸水率的石料。

3.9.2 仪器设备包括以下几种。

1 天平：称量 5 kg、感量 1 g。

2 搪瓷盘、毛巾等。

3.9.3 试验步骤应按以下规定执行：

1 称取 2 kg 的潮湿的石料试样两份，分别放入搪瓷盘中，用拧干的湿毛巾将试样表面浮水吸干至饱和面干状态。

2 称取饱和面干试样的质量。

3.9.4 表面含水率按式(3.9.4)计算(准确至 0.1%)：

$$m_s = \frac{G_1 - G_2}{G_2} \times 100 \qquad (3.9.4)$$

式中　m_s——表面含水率(%)；

　　　G_1——湿试样质量，g；

　　　G_2——饱和面干试样质量，g。

以两次测值的平均值作为试验结果。如果两次测值相差大于0.5%，试验应重做。

3.10　石料堆积密度及孔隙率试验

3.10.1　本试验用于测定石料的堆积密度、紧密密度及孔隙率，供评定石料品质、选择石料及塑性混凝土配合比设计等用。

3.10.2　仪器设备包括以下几种。

1　振动台：频率 50 Hz±3 Hz，振幅 0.35 mm±0.05 mm，最大荷载 250 kg。

2　磅秤：称量 50 kg、感量 50 g 或称量 200 kg、感量 200 g。

3　容量筒：为金属圆筒，具有一定刚度，不变形，规格为容积 5 L，内径 186 mm，净高 186 mm。

4　拌和铁板、平口铁锹等。

3.10.3　试验步骤应按以下规定执行。

1　紧密密度的测定应按以下步骤进行：

1)根据石料最大粒径确定相应容积的容量筒，取一定量的天然级配风干试样，拌和均匀，用平口铁锹将试样从离容量筒 5 cm 高处自由落入容量筒中，装完后稍加平整表面，将容量筒放在振动台上，振动 2~3 min。或将容量筒置于坚实的平地上，在筒底垫放一根直径为 25 mm 的钢筋，将试样分三层距容量筒 5 cm 高处装入筒中，每装完一层后，将筒按住，左右交替颠击地面各 25 次。在振动或颠实完毕后，再加试样直至超过筒口，用钢尺沿筒口边缘刮去高出筒口的颗粒，用适当的颗粒填平凹处，使表面稍凸起部分和凹陷部分的体积大致相等，称取试样和容量筒的总质量。

2)将试样倒出,拌和均匀,按上述步骤再测一次。

2 堆积密度的测定,先用平口铁锹将拌匀的试样从离容量筒上口 5 cm 高处自由落入筒中,直至试样高出筒口,并按紧密密度的方法平整表面,称出质量。然后将试样倒出,拌匀,再重复测一次。

3.10.4 试验结果处理应按以下规定执行:

1 紧密密度或堆积密度按式(3.10.4-1)计算(准确至 10 kg/m³):

$$\rho_0 = \frac{G_2 - G_1}{V} \times 1\,000 \qquad (3.10.4\text{-}1)$$

式中 ρ_0——紧密密度或堆积密度,kg/m³;

　　G_1——容量筒质量,kg;

　　G_2——容量筒及试样总质量,kg;

　　V——容量筒的容积,L。

以两次测值的平均值作为试验结果。如两次测值相差超过 0.5%,试验应重做。

2 孔隙率按式(3.10.4-2)计算(准确至 1%):

$$V_0 = \left(1 - \frac{\rho_0}{\rho}\right) \times 100 \qquad (3.10.4\text{-}2)$$

式中 V_0——孔隙率(%);

　　ρ_0——试样的紧密密度或堆积密度,kg/m³;

　　ρ——试样表观密度,kg/m³。

3.11 石料含泥量试验

3.11.1 本试验用于测定石料中小于 0.08 mm 的黏土、淤泥及细屑的总含量,评定石料品质。

3.11.2 仪器设备包括以下几种。

1 台秤:称量 10 kg、感量 5 g。

2 磅秤:称量 50 kg、感量 50 g。

3 烘箱:控制温度 105 ℃±5 ℃。

4 筛:孔径 0.08 mm、1.25 mm 筛各 1 只。

5 毛刷、铁铲、搪瓷盘等。

3.11.3 试验步骤应按以下规定执行:

1 用四分法取样。在 105 ℃±5 ℃烘箱中烘至质量恒定,冷却至室温后,按骨料粒径(5~20 mm)取最少 10 kg、骨料粒径(20~40 mm)取最少 10 kg 的试样两份,按下述步骤分别进行测试。

2 将试样装入搪瓷盆中并注入清水,用手在水中淘洗颗粒,使小于 0.08 mm 的颗粒与较粗颗粒分离(注意勿将水溅出),然后将浑水慢慢倒入 1.25 mm 及 0.08 mm 的套筛上(1.25 mm 筛放置上面),滤去小于 0.08 mm 的颗粒(试验前筛子的两面先用水湿润)。在整个试验过程中,应避免大于 0.08 mm 的颗粒丢失。

3 加水反复淘洗,直至盆中的水清为止。

4 用水冲洗剩留在筛上的颗粒,并将 0.08 mm 筛放在水中洗除小于 0.08 mm 的颗粒。然后将两只筛上剩留的颗粒和盆中已经洗净的试样一并装入搪瓷盘中,置于 105 ℃±5 ℃的烘箱中烘至质量恒定,待冷却至室温后,称出试样质量。

3.11.4 各级试样的含泥量按式(3.11.4)计算(准确至 0.1%):

$$Q = \frac{G_0 - G_1}{G_0} \times 100 \qquad (3.11.4)$$

式中 Q——各级试样的含泥量(%);

G_0——试验前烘干的试样质量,g;

G_1——试验后烘干的试样质量,g。

以两次测值的平均值作为试验结果。如两次测值相差超过 0.5%,试验应重做。

3.12 石料泥块含量试验

3.12.1 本试验用于测定石料中泥块含量,评定石料品质。

3.12.2 仪器设备包括以下几种。

    1 台秤:称量 10 kg、感量 5 g。

    2 磅秤:称量 50 kg、感量 50 g。

    3 铁板、搪瓷盘等。

3.12.3 试验步骤应按以下规定执行:

    1 将试样风干(雨天或冬季应将试样烘干),用四分法取样,骨料粒径(5~20 mm)取最少 5 kg、骨料粒径(20~40 mm)取最少 10 kg 的试样两份。

    2 将试样在搪瓷盘中或铁板上铺开,拣出其中泥块(凡是可以用手捏碎的颗粒都算作泥块),然后称出余下试样的质量。

3.12.4 各级试样泥块含量按式(3.12.4)计算(准确至 0.1%):

$$Q_c = \frac{G - G_1}{G} \times 100 \qquad (3.12.4)$$

式中 Q_c——各级试样泥块含量(%);

       G——试样质量,kg;

       G_1——剔除泥块后的试样质量, kg。

    以两次测值的平均值作为试验结果。

3.13 膨润土湿压强度试验

3.13.1 本试验用于测定膨润土的湿压强度,评定膨润土品质。

3.13.2 仪器设备包括以下几种。

    1 天平:量程 3 kg、精度 0.1 g。

    2 混砂机:SHN 碾轮式混砂机。

3.13.3 膨润土湿压强度试验混合料的配制。

分别称取已在 105 ℃烘干 2 h 的膨润土试样 100.0 g±0.1 g 和符合《检定铸造粘结剂用标准砂》(GB/T 25138)要求的标准砂 2 000.0 g ± 0.1 g,放入混砂机内,干混 2 min,然后加 40 mL±0.1 mL 水再混碾 8 min。按《铸造用砂及混合料试验方法》(GB/T 2684)测定紧实率,若紧实率小于 43%,可在混砂机内加少量水(补加水量按每毫升水达到 1.5%紧实率估计),再混碾 2 min,检查紧实率;若紧实率大于 47%,将混合料过筛 1~2 次,再检查紧实率,重复上述操作直至紧实率在 43%~47%的范围内。

3.13.4 膨润土湿压强度测定。

湿压强度的测定,按《铸造用砂及混合料试验方法》(GB/T 2684)进行。

3.14 膨润土热湿拉强度试验

3.14.1 本试验用于测定膨润土的热湿拉强度,评定膨润土品质。

3.14.2 膨润土热湿拉强度试验混合料的配制。

膨润土热湿拉强度试验混合料的配制,按本标准第 3.13.3 条的规定进行。

3.14.3 热湿拉强度测定。

膨润土热湿拉强度的测定,按《铸造用砂及混合料试验方法》(GB/T 2684)进行。

3.15 膨润土吸蓝量试验

3.15.1 本试验用于测定膨润土的吸蓝量,评定膨润土品质。

3.15.2 仪器设备包括以下几种。

   1 玻璃容量瓶:1 000 mL,棕色。

   2 玻璃滴定管:50 mL,棕色。

   3 锥形烧瓶:250 mL。

4 中速定量滤纸：ϕ 9 cm。

5 天平：精度 0.000 1 g。

6 磁力搅拌器。

3.15.3 试剂。

1 焦磷酸钠溶液：1%（质量分数）。

2 亚甲基蓝溶液 $[c<(\text{MB})=0.006\ \text{mol/ L}]$：准确称取 2.338 0 g 分析纯亚甲基蓝试剂（三水亚甲基蓝，相对分子质量 373.9，试剂在使用前应一直在干燥器中密封避光储存），使其充分溶解于蒸馏水，在 1 000 mL 棕色容量瓶中用水稀释至刻度。

3.15.4 试验步骤应按以下规定执行。

称取已在 105 ℃±3 ℃烘干 2 h 的膨润土试样 0.2 g±0.001 g，置于预先盛有 50 mL 水的 250 mL 锥形烧瓶中，使其润湿后，在磁力搅拌器中分散 5 min，加入 1%焦磷酸钠溶液 20 mL，继续搅拌 2~3 min。然后在电炉上加热至微沸 2 min，取下冷却至 25 ℃±5 ℃。

在搅拌下用玻璃滴定管滴加亚甲基蓝标准溶液。第一次可预滴加约总量 2/3 的亚甲基蓝溶液，搅拌 2 min 使其充分反应，以后每次滴加 1~2 mL，搅拌 30 s 后用玻璃棒蘸取一滴试液在中速定量滤纸上，观察蓝色斑点周围是否出现淡蓝色晕环，若未出现，则继续滴加亚甲基蓝溶液。当开始出现蓝色晕环后，继续搅拌 2 min，再用玻璃棒蘸取一滴试液在中速定量滤纸上，观察是否还出现淡蓝色晕环，若淡蓝色晕环不再出现，继续仔细滴加亚甲基蓝溶液。如搅拌 2 min 后仍出现淡蓝色晕环，表明已到终点，记录滴定体积。

3.15.5 计算方法。

试样的吸蓝量，按式（3.15.5）计算：

$$\text{MBI} = \frac{319.85VC}{1\,000m} \times 100 \qquad (3.15.5)$$

式中 MBI——吸蓝量,g/100 g;

    C——亚甲基蓝溶液浓度,mol/L;

    V——亚甲基蓝溶液的滴定量,mL;

    m——试验质量,g;

    319.85——无水亚甲基蓝的摩尔质量的数值,g/moL;

    100——每克膨润土吸蓝量换算成 100 g 膨润土吸蓝量的系数。

3.15.6 允许差。

取平行测定结果的算术平均值为测定结果,两次平行测定的相对偏差不大于 2%。

3.16 膨润土的水分试验

3.16.1 本试验用于测定膨润土的水分,评定膨润土的品质。

3.16.2 仪器设备包括以下几种。

  1 温度计:量程 0 ℃±0.5 ℃~150 ℃±0.5 ℃。

  2 天平:精度为 0.01 g。

  3 烘箱:可控制在 105 ℃±3 ℃。

  4 称量瓶:ϕ 50 mm×30 mm。

3.16.3 试验步骤应按以下规定执行:

将称量瓶在 105 ℃±3 ℃下烘干至恒重并称量,加入约 10 g 膨润土试样,将称量瓶和试样再次称量后在 105 ℃±3 ℃烘箱中烘干 2 h,取出在干燥器中冷却 30 min,称量。

3.16.4 计算方法。

膨润土的水分按式(3.16.4)计算质量分数:

$$W = \frac{m_3 - m_4}{m_3 - m_5} \times 100 \qquad (3.16.4)$$

式中 W——水分质量分数(%);

m_3——烘干前称量瓶和膨润土试样质量,g;

m_4——烘干后称量瓶和膨润土的质量,g;

m_5——称量瓶的质量,g。

3.16.5 允许差。

取平行测定结果的算术平均值为测定结果,两次平行测定的相对偏差不大于2%。

3.17 膨润土的膨胀指数试验

3.17.1 本试验用于测定膨润土的膨胀指数,评定膨润土的品质。

3.17.2 仪器设备包括以下几种。

1 具塞刻度量筒:100 mL,内侧底部至100 mL刻度值处高180 mm±5 mm。

2 温度计:量程0 ℃±0.5 ℃~150 ℃±0.5 ℃。

3 天平:精度为0.01 g。

3.17.3 试验步骤应按以下规定执行。

准确称取2 g±0.01 g已在105 ℃±3 ℃烘干2 h的膨润土样品,将该样品分多次加入已有90 mL蒸馏水的100 mL刻度量筒内。每次加入量不超过0.1 g,用30 s左右时间缓慢加入,待前次加入的膨润土沉至量筒底部后再次添加,相邻两次加入的时间间隔不少于10 min,直至试样完全加入量筒中。

全部添加完毕后,用蒸馏水仔细冲洗黏附在量筒内侧的粉粒,使其落入水中,最后将量筒内的水位增加到100 mL的标线处,用玻璃塞盖紧(2 h后,如果发现量筒底部沉淀物中有夹杂的空气或水的分隔层,应将量筒45°角倾斜并缓慢旋转,直至沉淀物均匀)。静置24 h后,记录沉淀物界面的量筒刻度值(沉淀物不包括低密度的胶溶或絮凝状物质),精确至0.5 mL。

记录试验开始时和结束时实验室的温度,精确到0.5 ℃。

3.17.4 允许差。

对同一试样的两次平行测量,平均值大于 10 mL 时,其绝对误差不得大于 2 mL,平均值小于或等于 10 mL 时,其绝对误差不得大于 1 mL。

4 塑性混凝土拌合物性能试验

4.1 坍落度及扩散度试验

4.1.1 目的:测定塑性混凝土拌合物的坍落度及扩散度,用以评定塑性混凝土拌合物的和易性;也可用于评定塑性混凝土拌合物和易性随停置时间的变化。

4.1.2 仪器设备包括以下几种。

1 坍落度筒:用2~3 mm厚的铁皮制成,筒内壁必须光滑。

2 捣棒:直径16 mm、长650 mm,一端为弹头形的金属棒。

3 钢尺(300 mm)2把,1 000 mm钢尺1把。

4 装料漏斗、镘刀、小铁铲、温度计等。

4.1.3 试验步骤应按以下规定执行。

1 拌制塑性混凝土拌合物。

2 将坍落度筒冲洗干净并保持湿润,放在测量用的钢板上,双脚踏紧踏板。

3 将塑性混凝土拌合物用小铁铲通过装料漏斗分三层装入筒内,每层体积大致相等。底层厚约70 mm,中层厚约90 mm。每装一层,用捣棒在筒内从边缘到中心按螺旋形均匀插捣25次。插捣深度:底层应穿透该层,中、上层应分别插进其下层10~20 mm。

4 上层插捣完毕,取下装料漏斗,用镘刀将塑性混凝土拌合物沿筒口抹平,并清除筒外周围的塑性混凝土。

5 将坍落度筒徐徐竖直提起,轻放于试样旁边,用钢尺测量筒高与坍落后试样顶部中心点之间的高度差,即为坍落度值,精确至1 mm。

6 当拌合物不再扩散或扩散时间已达到 60 s 时,用钢尺在相互垂直的两个方向量取拌合物扩散后的直径,精确至 1 mm。

7 整个试验应连续进行,并应在 4~5 min 内完成。

8 测记试验时塑性混凝土拌合物的温度。

9 用于评定塑性混凝土拌合物和易性随时间的变化时,可将拌合物保湿停置至规定时间再进行上述试验,试验前将拌合物重新翻拌 2~3 次,将试验结果与原试验结果进行比较,评定拌合物和易性随停置时间的变化。

4.1.4 试验结果处理。

1 塑性混凝土拌合物的坍落度以毫米计,取整数。

2 塑性混凝土拌合物的扩散度以在相互垂直的两个方向量取的拌合物扩散后的直径测值的平均值作为结果,以毫米计,取整数。

3 在测定坍落度及扩散度的同时,可目测评定塑性混凝土拌合物的下列性质:

1)棍度根据做坍落度时插捣塑性混凝土的难易程度分为上、中、下三级。

上:表示容易插捣;

中:表示插捣时稍有阻滞感觉;

下:表示很难插捣。

2)黏聚性。提起坍落度筒后,如试样向四周均匀扩散,表示黏聚性较好。若试样部分崩裂或发生石子离析现象,表示黏聚性不好。

3)含砂情况。根据镘刀抹平程度分多、中、少三级。

多:用镘刀抹塑性混凝土拌合物表面时,抹 1~2 次就可使塑性混凝土表面平整无蜂窝;

中:抹 4~5 次就可使塑性混凝土表面平整无蜂窝;

少:抹面困难,抹 8~9 次后塑性混凝土表面仍不能消除蜂窝。

4)析水情况。根据水分从塑性混凝土拌合物中析出的情况分多量、少量、无三级。

多量:表示在插捣时及提起坍落度筒后就有很多水分从底部析出;

少量:表示有少量水分析出;

无:表示没有明显的析水现象。

4.2   泌水率试验

4.2.1   目的:测定塑性混凝土泌水率,用以评定其和易性。

4.2.2   仪器设备包括以下几种。

1   容量筒:内径及高均为 267 mm 的金属圆筒,带盖(如无盖,可用玻璃板代替)。

2   磅秤:称量 50 kg,感量不大于 50 g。

3   带塞量筒:50 mL。

4   吸液管、钟表、铁铲、捣棒、镘刀等。

4.2.3   试验步骤应按以下规定执行。

1   搅制塑性混凝土拌合物。

2   将容量筒内壁用湿布湿润,称容量筒质量。

3   装料捣实。用振动台振实时为一次装料,振至表面泛浆。如人工插捣,则分两层装料,每层均匀插捣 35 次,底层捣棒插至筒底,上层插入下层表面 10~20 mm,然后用橡皮锤轻轻在外壁敲打 5~10 次,直至拌合物表面插捣孔消失且不见大气泡为止,用镘刀轻轻抹平表面。试样顶面比筒口低 40 mm 左右。每组两个试样,试样质量应大致接近。

4   将筒口及外表面擦净,称出容量筒及塑性混凝土试样的质量,静置于无振动的地方,盖好筒盖并开始计时。

5 前 60 min 每隔 20 min 用吸液管吸出泌水一次,以后每隔 30 min 吸水一次,直至连续三次无泌水为止。吸出的水注于量筒中,读出每次吸出水的累计值。

6 每次吸取泌水前,应将筒底一侧垫高约 30 mm,使容量筒倾斜,以便于吸出泌水,吸出泌水后仍将筒轻轻放平盖好。

4.2.4 试验结果处理。

1 泌水率按式(4.2.4)计算(精确至 0.01%):

$$B = \frac{m_{w1}}{(m_{w0}/m_{g0})m_{g1}} \times 100\% \qquad (4.2.4)$$

式中 B ——泌水率;

m_{w1} ——泌水总质量,g;

m_{w0} ——塑性混凝土拌合物总用水量,g;

m_{g0} ——塑性混凝土拌合物总质量,g;

m_{g1} ——试样质量,g。

以两个测值的平均值作为试验结果。

2 以时间为横坐标,泌水量累计值为纵坐标,绘出泌水过程线。

3 捣实方法应在结果中注明。

4.3 密度试验

4.3.1 目的:测定塑性混凝土拌合物单位体积的质量,为配合比计算提供依据。当已知所用原材料密度时,还可用以计算拌合物近似含气量。

4.3.2 仪器设备包括以下几种。

1 容量筒:5 L 金属制圆筒,内径和高均为 186 mm。筒壁应有足够刚度。

2 磅秤:称量 50 kg,感量不大于 50 g。

3 捣棒、玻璃板(尺寸稍大于容量筒口)、金属直尺等。

4.3.3 试验步骤应按以下规定执行。

1 测定容量筒容积:将纯净的容量筒与玻璃板一起称其质量,再将容量筒装满水,仔细地用玻璃板从筒口的一边推到另一边,使筒内满水及玻璃板下无气泡,擦干筒、盖的外表面,再次称其质量,两次质量之差即为水的质量,除以该温度下水的密度,即得容量筒容积 V(在正常情况下,水温影响可以忽略不计,水的密度可取为 1 kg/L)。

2 拌制塑性混凝土拌合物。

3 擦净空容量筒,称其质量(m_1)。

4 将塑性混凝土拌合物装入容量筒内,在振动台上振至表面泛浆。若用人工插捣,则将塑性混凝土拌合物分两层装入筒内,用捣棒从边缘至中心螺旋形插捣,每层插捣 15 次。底层插捣至底面,上层插至下层 10~20 mm 处。

5 沿容量筒口刮除多余的拌合物,抹平表面,将容量筒外部擦净,称其质量(m_2)。

4.3.4 试验结果处理。

1 密度按式(4.3.4-1)计算(精确至 10 kg/m³):

$$\rho = \frac{m_2 - m_1}{V} \times 1\,000 \qquad (4.3.4\text{-}1)$$

式中　ρ——塑性混凝土拌合物的密度, kg/m³;

　　　m_1——容量筒质量,kg;

　　　m_2——塑性混凝土拌合物及容量筒总质量, kg;

　　　V——容量筒的容积, L。

2 含气量按式(4.3.4-2)和式(4.3.4-3)计算:

$$A = \frac{\rho_t - \rho}{\rho_t} \times 100\% \qquad (4.3.4\text{-}2)$$

$$\rho_t = \frac{m_c + m_f + m_s + m_g + m_w}{m_c/\rho_c + m_f/\rho_f + m_s/\rho_s + m_g/\rho_g + m_w/\rho_w} \quad (4.3.4\text{-}3)$$

式中 A——塑性混凝土拌合物的含气量;

　　ρ_t——不计含气时塑性混凝土拌合物的理论密度,kg/m^3;

　　m_c、m_f、m_s、m_g、m_w——拌合物中水泥、掺合料、砂、石及水的质量,kg;

　　ρ_c、ρ_f、ρ_s、ρ_g、ρ_w——水泥、掺合料、砂、石、水的密度或表观密度,kg/m^3。

4.4 拌和均匀性试验

4.4.1 目的:检验塑性混凝土拌合物的拌和均匀性,评定搅拌机的拌和质量与选择合适的拌和时间。

4.4.2 仪器设备包括以下几种。

　　1 压力机或万能试验机:试件的预计破坏荷载在试验机全量程的 20%~80%。

　　2 试模:150 mm ×150 mm×150 mm 立方体试模。

　　3 容量筒:1 L 金属制圆筒,内径 108 mm,高 109 mm。筒壁应有足够刚度,使之不易变形。

　　4 电子天平:称量 5 kg、感量 1 g。

　　5 金属捣棒:直径 12 mm,长 250 mm,一端为弹头形。

　　6 方孔筛 (4.75 mm) 及取样工具。

4.4.3 试验步骤应按以下规定执行。

　　1 根据试验目的确定拌和时间。

　　检验搅拌机在一定拌和时间下塑性混凝土拌合物的均匀性时,拌和时间为操作制度所规定的时间;可根据搅拌机容量大小,选择 3~4 个可能采用的拌和时间(时间间隔可取 30 s),分别拌制原材料、配合比相同的塑性混凝土。

2 取样:拌和达到规定时间后,从搅拌机口分别取最先出机和最后出机的塑性混凝土试样各一份(取样数量应能满足试验要求)。

3 将所取试样分别拌和均匀,各取一部分进行边长 150 mm 立方体试件的成型、养护及 28 d 龄期抗压强度测定。将另一部分试样分别用 4.75 mm 方孔筛筛取砂浆并拌和均匀,然后测定砂浆密度。

4.4.4 试验结果处理。

1 拌合物的拌和均匀性可用先后出机取样塑性混凝土的 28 d 抗压强度的差值 Δf 和砂浆密度的差值 $\Delta \rho$ 评定。

2 塑性混凝土抗压强度和砂浆密度偏差率分别按式(4.4.4-1)和式(4.4.4-2)计算:

$$抗压强度偏差率(\%) = \frac{\Delta f}{两个强度中的大值} \times 100$$

$$(4.4.4\text{-}1)$$

$$砂浆密度偏差率(\%) = \frac{\Delta \rho}{两个密度中的大值} \times 100$$

$$(4.4.4\text{-}2)$$

在选择合适拌和时间时,以拌和时间为横坐标,以不同批次塑性混凝土测得的抗压强度偏差率或砂浆密度偏差率为纵坐标,绘制时间与偏差率曲线,在曲线上找出偏差率最小的拌和时间,即为最合适的拌和时间。如果抗压强度偏差率与砂浆密度偏差率的评定结果不尽一致,以抗压强度偏差率为准。

4.5 凝结时间试验(贯入阻力法)

4.5.1 目的:测定塑性混凝土拌合物初凝与终凝时间。

4.5.2 仪器设备包括以下几种。

1 贯入阻力仪:1 000 N 的贯入阻力仪,读数精度±10 N,测针长 100 mm,在距贯入端 25 mm 处有明显的标记。测针的承压面积有 100 mm²、50 mm²、20 mm² 三种。贯入阻力仪可为手动式,也可为自动式。

2 砂浆筒:用钢板制成,上口内径 160 mm,下口内径 150 mm,净高 150 mm。也可用边长 150 mm 不漏浆的立方体试模。

3 筛子:4.75 mm 方孔筛。

4 振动台、捣棒、吸液管、温度计、钟表等。

4.5.3 试验步骤应按以下规定执行。

1 拌制塑性混凝土拌合物。加水完毕时开始计时。用 4.75 mm 方孔筛从拌合物中筛取砂浆,并拌和均匀。将砂浆分别装入 3~6 只砂浆筒中,经振捣(或插捣)25 次使其密实,砂浆表面应低于筒口约 10 mm,编号后置于温度为(20±3)℃的环境中,加盖玻璃板或湿麻袋。在其他较为恒定的温度、湿度环境中进行试验时,应在试验结果中加以说明。

2 从塑性混凝土拌和加水完毕时起经 2 h 开始贯入阻力测试。在测试前 5 min 将砂浆筒底一侧垫高约 20 mm,使筒倾斜,用吸液管吸去表面泌水。

3 测试时,将砂浆筒置于磅秤上,读记砂浆与筒总质量作为基数。然后将测针端部与砂浆表面接触,按动手柄,徐徐贯入,经 10 s 使测针贯入砂浆深度 25 mm,读记磅秤显示的最大示值,此值扣除砂浆和筒的总质量即得贯入压力。每只砂浆筒每次测 1~2 个点。

4 测试过程中按贯入阻力大小,以测针承压面积从大到小的次序更换测针(见表 4.5.3)。

表4.5.3 贯入阻力分级换针表

贯入阻力/MPa	0.2~3.5	3.5~20	20~28
测针面积/mm²	100	50	20

5 此后每隔1 h测一次,或根据需要规定测试的间隔时间。测点间距应大于15 mm。临近初凝及终凝时,应适当缩短测试间隔时间。如此反复进行,直至贯入阻力大于28 MPa为止。

4.5.4 试验结果处理。

1 贯入阻力按式(4.5.4)计算(精确至0.1 MPa):

$$f_{PR} = \frac{P}{A} \tag{4.5.4}$$

式中 f_{PR}——贯入阻力,MPa;

P——贯入压力,N;

A——相应的贯入测针面积,mm²。

2 以贯入阻力为纵坐标,测试时间为横坐标,绘制贯入阻力与时间的关系曲线。

3 以3.5 MPa及28 MPa画两条平行于横坐标的直线,直线与曲线交点对应的横坐标值即为初凝时间与终凝时间。

4 以三个试样测值的算术平均值作为试验结果。

4.6 含气量试验

4.6.1 目的:测定塑性混凝土拌合物中的含气量。

4.6.2 仪器设备包括以下几种。

1 含气量测定仪。

2 捣实设备:振动台或捣棒。

3 磅秤(称量50 kg、感量不大于50 g),电子天平(称量2 kg、感量不大于1 g),木槌,水桶,镘刀等。

4.6.3 试验步骤应按以下规定执行。

1 按仪器说明书率定含气量测定仪。

2 擦净经率定好的含气量测定仪,将拌好的塑性混凝土拌合物均匀适量地装入量钵内,用振动台振实,振捣时间以 10~15 s 为宜(如采用人工捣实,可将拌合物分两层装入,每层插捣 25 次)。

3 刮去表面多余的塑性混凝土拌合物,用镘刀抹平,并使表面光滑无气泡。

4 擦净量钵边缘,垫好橡皮圈,盖严钵盖。

5 关好操作阀,用打气筒往气箱中打气加压。按含气量测定仪说明书规定,测定塑性混凝土拌合物的含气量。

6 测定骨料校正因素(C),骨料校正因素随骨料种类而变化。

1)按式(4.6.3-1)和式(4.6.3-2)计算出装入量钵中的砂石质量:

$$m_{s1} = \frac{m_s V_0}{1\,000} \qquad (4.6.3\text{-}1)$$

$$m_{g1} = \frac{(m_1 + m_2) V_0}{1\,000} \qquad (4.6.3\text{-}2)$$

式中 m_{s1}、m_{g1}——装入量钵中的砂、石质量,kg;

m_s——每立方米塑性混凝土中用砂量,kg/m³;

m_1、m_2——每立方米塑性混凝土中 5~20 mm、20~40 mm 的石子用量,kg/m³;

V_0——量钵容积,L。

由以上两式计算出的砂、石用量以饱和面干状态为准。实际用量还需根据砂石料的含水情况进行修正,按修正后的砂、石用量称取砂、石料。

2)量钵中先盛 1/3 高度的水,将称取的砂石料混合并逐渐加入量钵中,边加料边搅拌以排气,当水面每升高 25 mm 时,用捣棒轻捣 10 次,骨料全部加入后,再加水至满,然后除去水面泡沫,擦净量钵边缘,盖紧钵盖,使其密封不透气。按测定塑性混凝土拌合物含气量的步骤测定此时的含气量,即骨料校正因素。

4.6.4 试验结果处理。

含气量按式(4.6.4)计算(精确至0.1%):

$$A = A_1 - C \qquad (4.6.4)$$

式中 A——拌合物的含气量(%);

A_1——仪器测得的拌合物的含气量(%);

C——骨料校正因素(%)。

以两次测值的平均值作为试验结果。如两次含气量测值相差0.5%以上,应找出原因,重做试验。

5 塑性混凝土力学性能试验

5.1 立方体抗压强度试验

5.1.1 目的:测定塑性混凝土立方体试件的抗压强度。

5.1.2 仪器设备包括以下几种。

1 压力机或万能试验机:试件的预计破坏荷载宜在试验机全量程的 20%~80%。

2 钢制垫板:其尺寸比试件承压面稍大,平整度误差不应大于边长的 0.02%。

3 试模:150 mm×150 mm×150 mm 立方体试模。

5.1.3 试验步骤应按以下规定执行。

1 按规定制作和养护试件,参考附录 B。

2 到达试验龄期时,从养护室取出试件,并尽快试验。试验前需用湿布覆盖试件,防止试件失水。

3 试验前将试件擦拭干净,测量尺寸,并检查其外观,当试件有严重缺陷时,应废弃。试件尺寸测量精确至 1 mm,并据此计算试件的承压面面积,如实测尺寸与公称尺寸之差不超过 1 mm,可按公称尺寸进行计算。试件承压面的不平整度误差不得超过边长的 0.05%,承压面与相邻面的垂直度不应超过±1°。

4 将试件放在试验机下压板正中间,上压板、下压板与试件之间宜垫以垫板,试件的承压面应与成型时的顶面相垂直。开动试验机,当上垫板与上压板即将接触时如有明显偏斜,应调整球座,使试件受压均匀。

5 以 0.05~0.10 MPa/s 的速率连续而均匀地加载,当试件接近破坏而开始迅速变形时,停止调整油门,直至试件破坏,记录破坏荷载。

5.1.4 试验结果处理。

塑性混凝土立方体抗压强度按式(5.1.4)计算(精确至 0.1 MPa):

$$p_c = \frac{F}{A} \qquad (5.1.4)$$

式中 p_c——抗压强度,MPa;

F——破坏荷载,N;

A——试件承压面面积,mm^2。

以三个试件测值的平均值作为该组试件的抗压强度试验结果。当三个试件强度中的最大值或最小值之一与中间值之差超过中间值的 15%时,取中间值;当三个试件强度中的最大值和最小值与中间值之差均超过中间值的 15%时,该组试验应重做。

5.2 劈裂抗拉强度试验

5.2.1 目的:测定塑性混凝土立方体试件的劈裂抗拉强度。

5.2.2 仪器设备包括以下几种。

1 试验机:与5.1节相同。

2 试模:150 mm×150 mm×150 mm 的立方体试模。

3 垫条:截面 5 mm×5 mm,长约 200 mm 的钢制方垫条,要求平直。

5.2.3 试验步骤应按以下规定执行:

1 按规定制作和养护试件。

2 到达试验龄期时,从养护室取出试件,并尽快试验。试验前需用湿布覆盖试件,防止试件干燥。

3 试验前将试件擦拭干净,检查外观,并在试件成型时的顶面和底面中部画出相互平行的直线,准确定出劈裂面的位置,测量劈裂面尺寸,精度要求同5.1.3。

4 将试件放在压力试验机下压板的中心位置,在上压板、下压板与试件之间垫以垫条,垫条方向应与成型时的顶面垂直(见图5.2.3)。为保证上垫条、下垫条对准及提高工作效率,可以把垫条安装在定位架上使用。开动试验机,当上压板与试件接近时调整球座,使接触均衡。

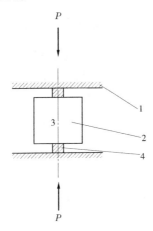

1—压板;2—试件;3—成型时抹面;4—垫条。

图 5.2.3 劈裂抗拉试验受力示意图

5 以 0.01~0.02 MPa/s 的速率连续而均匀地加载,当试件接近破坏时,停止调整油门,直至试件破坏,记录破坏荷载。

5.2.4 试验结果处理。

塑性混凝土劈裂抗拉强度按式(5.2.4)计算(精确至 0.01 MPa):

$$P_{ts} = \frac{2F}{\pi A} = 0.637 \frac{F}{A} \qquad (5.2.4)$$

式中 P_{ts}——劈裂抗拉强度,MPa;

  F——破坏荷载,N;

  A——试件劈裂面面积,mm^2。

以三个试件测值的平均值作为该组试件劈裂抗拉强度的试验结果。当三个试件强度中的最大值或最小值之一与中间值之差超过中间值的 15%时,取中间值;当三个试件强度中的最大值和最小值与中间值之差均超过中间值的 15%时,该组试验应重做。

5.3 抗弯强度试验

5.3.1 目的:用简支梁三分点加荷法测定塑性混凝土的抗弯强度,亦可同时测定塑性混凝土的抗弯极限拉伸值。

5.3.2 仪器设备包括以下几种。

1 试验机:万能试验机或带有抗弯试验机的压力试验机,其要求与 5.1 节的规定相同。

2 试验加荷装置:双点加荷的钢制加压头,其要求应使两个相等的荷载同时作用在小梁的两个三分点处,与试件接触的两个支座头和两个加压头应具有直径约 15 mm 的弧形端面,其中的一个支座头及两个加压头宜做成既能滚动又能前后倾斜。

3 试模:塑性混凝土抗弯强度试验应采用 150 mm×150 mm×550 mm（或 600 mm）小梁作为标准试件,必要时可采用 100 mm×100 mm×400 mm(或 515 mm)试件,此时,塑性混凝土中骨料最大粒径应不大于 20 mm。

4 应变测量仪器:电阻应变仪一台,测量精度为 $1×10^{-6}$。

5 应变片(长度一般应不小于骨料最大粒径的 3 倍)或应变计等。

5.3.3 试验步骤应按以下规定执行。

1 按规定制作和养护试件。

2 到达试验龄期时,从养护室取出试件,并尽快试验。试验前应用湿布覆盖试件,防止试件干燥。

3 试验前将试件擦拭干净,检查外观,量测试件断面尺寸,精度要求同 5.1.3。试件不得有明显缺陷。在试件侧面画出加荷点位置。

4 测试抗弯曲拉伸应变时,将小梁底面中间段受拉侧粘贴电阻片的部位用电吹风吹干表面,然后用高强度胶水粘牢电阻片。

5 将试件放稳在试验机的支座上并对中,承压面应选择试件成型时的侧面,调整支座和加压头位置,其间距的尺寸偏差应不大于±1 mm。开动试验机,当加荷压头与试件快接近时,调整加压头及支座,使其接触均衡。如加压头及支座不能接触均衡,则接触不良处应予以垫平。

6 开动试验机,进行两次预弯,预弯荷载均相当于破坏荷载的 15%~20%。预弯完毕后重新调整应变仪,使应变值指示为零。然后进行正式测试。以 50 N/s 的速率连续而均匀地加荷,不得冲击,每加荷 100 N 或 200 N 测读并记录应变值。当试件接近破坏时应停止调整试验机油门直至试件破坏,记录破坏荷载。采用100 mm×100 mm 断面小梁试件时,加荷速率为 25 N/s。

5.3.4 试验结果处理。

1 塑性混凝土抗弯强度按式(5.3.4-1)计算(精确至 0.01 MPa):

$$P_f = \frac{Fl}{bh^2} \qquad (5.3.4\text{-}1)$$

式中 P_f——抗弯强度,MPa;

      F——破坏荷载,N;

      l——支座间距(跨度),$l = 3h$,mm;

      b——试件截面宽度,mm;

      h——试件截面高度,mm。

如弯断面位于两个集中荷载之外(以受拉区为准),该试件作废。如有两个试件的弯断面均位于两个集中荷载之外,则试验应重做。

2 抗弯极限拉伸值：

1)以应变为横坐标,应力为纵坐标,绘出每个试件的应力-应变关系曲线。

2)过破坏应力坐标点做一条与横坐标平行的线,并将应力-应变曲线外延,两线交点对应的应变即为该试件的抗弯极限拉伸值(精确至$1×10^{-6}$)。

3)如曲线不通过坐标原点,需延长曲线起始段使其与横坐标相交,并以此交点作为试件应变的起始点。

4)应力按式(5.3.4-2)计算(精确至0.01 MPa):

$$\sigma_{f,i} = \frac{F_i l}{bh^2} \tag{5.3.4-2}$$

式中　$\sigma_{f,i}$——与弯曲荷载对应的弯曲应力,MPa;

　　　F_i——弯曲荷载,N。

3 抗弯弹性模量取应力$0\sim0.5f_t$的割线弹性模量。抗弯弹性模量按式(5.3.4-3)计算(精确至100 MPa):

$$E_f = \frac{\sigma_{0.5}}{\varepsilon_{0.5}} \tag{5.3.4-3}$$

式中　E_f——抗弯弹性模量,MPa;

　　　$\sigma_{0.5}$——50%的破坏应力,MPa;

　　　$\varepsilon_{0.5}$——$\sigma_{0.5}$所对应的应变值。

抗弯强度、抗弯极限拉伸值、抗弯弹性模量均以三个试件测值的平均值作为试验结果。当三个试件抗弯强度中的最大值或最小值之一与中间值之差超过中间值的15%时,取中间值;当三个试件抗弯强度中的最大值和最小值与中间值之差均超过中间值的15%时,该组试验应重做。

采用100 mm×100 mm×400 mm试件时,抗弯强度试验结果需乘以换算系数0.85。

5.4 轴心抗压强度与静力抗压弹性模量试验

5.4.1 目的:测定塑性混凝土棱柱体或圆柱体试件的轴心抗压强度和静力抗压弹性模量。

5.4.2 仪器设备包括以下几种。

1 压力试验机:与5.1节相同。

2 试模:规格为 150 mm×150 mm×300 mm 棱柱体或 ϕ 150 mm× 300 mm 圆柱体。

3 应变测量装置:千分表或位移传感器,以及磁力表座。

5.4.3 试验步骤应按以下规定执行:

1 按规定制作和养护试件。以六个试件为一组,其中三个测定轴心抗压强度,三个测定抗压弹性模量。

2 到达试验龄期时,将试件从养护室取出,擦净表面,用湿布覆盖,以保持潮湿状态,并尽快试验。

3 将试件安放在试验机的下压板上,试件的中心应与试验机下压板中心对准。开动试验机,当上压板与试件快接触时,调整球座,使其接触均衡。

4 测定轴心抗压强度。以 0.05~0.10 MPa/s 的速率连续而均匀地加荷,当试件接近破坏而开始迅速变形时,应停止调整试验机油门,直至试件破坏,记录破坏荷载。

5 测定抗压弹性模量。将千分表或位移传感器固定在磁力表座上,在试验机下压板临近试件两边对称位置时,将装有千分表或位移传感器的磁力表座固定牢固。上下调整千分表或位移传感器位置,使其变形测量范围能满足试验要求。测试试件全长变形作为变形的标距。

6 开动压力机,以 0.05~0.10 MPa/s 的速率缓慢施加压力直至试件,不预压。如果采用量表测试变形,加荷应力达到极限破坏强度的80%,卸下量表,以相同的速率压至试件破坏;如果采用位移传感器测试变形,以相同的速率压至试件破坏。

7 以应变为横坐标,应力为纵坐标,绘制应力-应变曲线。

8 从试件取出至试验完毕,不宜超过 4 h,并注意试件保湿,应提前做好变形测量的准备工作。

5.4.4 试验结果处理。

1 塑性混凝土轴心抗压强度按式(5.4.4-1)计算(精确至 0.1 MPa):

$$P_c = \frac{F}{A} \qquad (5.4.4\text{-}1)$$

式中 P_c——轴心抗压强度,MPa;

F——破坏荷载,N;

A——试件承压面面积,mm^2。

取三个试件测值的平均值作为该组试件的轴心抗压强度值。当三个试件强度中的最大值或最小值之一与中间值之差超过中间值的 15%时,取中间值。当三个试件强度中的最大值和最小值与中间值之差均超过中间值的 15%时,该组试验应重做。

ϕ 150 mm×300 mm 圆柱体试件的轴心抗压强度若换算成 150 mm×150 mm×300 mm 棱柱体试件的轴心抗压强度,应乘以换算系数 0.95。

2 静力抗压弹性模量按式(5.4.4-2)计算(精确至 1 MPa)或者采用轴向应力-应变曲线上近似直线上升段的斜率作为计算弹性模量的基础:

$$E_c = \frac{F_2 - F_1}{A} \times \frac{L}{\Delta L} \qquad (5.4.4\text{-}2)$$

式中 E_c——静力抗压弹性模量,MPa;

F_2——70%的极限破坏荷载,N;

F_1——30%的极限破坏荷载,N;

ΔL——应力从30%破坏应力增加到70%破坏应力时的试

件变形值,mm;

　　　　L——测量变形的标距,mm;

　　　　A——试件承压面面积,mm^2。

　　弹性模量以三个试件测值的平均值作为试验结果。当三个试件中的最大值或最小值之一与中间值之差超过中间值的15%时,取中间值。当三个试件中的最大值和最小值与中间值之差均超过中间值的15%时,该组试验应重做。

5.5　抗剪强度试验

5.5.1　目的:用于测定塑性混凝土结合面的抗剪强度。

5.5.2　仪器设备包括以下几种。

　　1　剪切试验仪,包括法向和剪切向的加荷设备(见图5.5.2)。

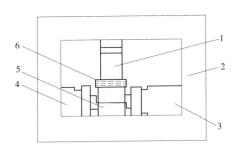

1—法向千斤顶;2—刚性架;3—剪力千斤顶;4—传力垫块;5—剪力盒;6—滚轴排。

图5.5.2　塑性混凝土剪切试验仪简图

　　2　量法向和剪切位移的千分表或位移计及磁性千分表架。

　　3　稳压装置。

　　4　试模:150 mm×150 mm×150 mm 立方体标准试模。

5.5.3 试验步骤应按以下规定执行：

1 按附录 B(试件的成型与养护方法)的规定制作和养护试件。

2 对于层间结合的抗剪试件，分两次成型。按配合比要求拌制塑性混凝土，取试件 1/2 高度所需要的塑性混凝土量装入试模(振实后应为试模深度的 1/2)，放入养护室养护至要求的间隔时间后，取出试模，按施工要求进行层面处理，再成型上半部，并养护至试验要求龄期，试件制作数量为 15 个。

3 对于塑性混凝土和岩石胶结的试件，必须先测定岩石面的起伏差，绘制岩石沿剪切方向的高度变化曲线，然后在岩石上铺筑塑性混凝土，制作 15 个试件。

4 将试件置于剪力盒中，放上传力垫块和滚轴排，安装法向和剪切向的加荷系统时，应保证法向力和剪切力的合力通过剪切面的中点。

5 安装测量法向和剪切向位移的仪表，测杆的支点必须设置在剪切变形影响范围之外，测杆和表架应具有足够的刚度。

6 塑性混凝土直剪试验时先施加正向力，速度为 100 N/s，达到设定值后保持稳定，开始施加剪力，施加方式按位移控制，剪切速率为 5 mm/min。

7 试件剪断后，调整剪切位移表，在相同法向应力下按上述规定进行摩擦试验。必要时可改变法向应力单点摩擦试验。

8 对剪切面进行描述，测定剪切面起伏差、骨料及界面破坏情况，绘制剪切方向的断面高度变化曲线，量测剪断面积。

5.5.4 试验结果处理按以下规定执行。

1 按式(5.5.4-1)和式(5.5.4-2)计算各级法向荷载下的法向应力和剪应力，取 3 个试件测值的平均值作为本级法向荷载下的剪应力。

$$\sigma_i = \frac{P}{A} \qquad (5.5.4\text{-}1)$$

$$\tau_i = \frac{Q}{A} \qquad (5.5.4\text{-}2)$$

式中 σ_i——法向应力，MPa；

$\quad\quad$ τ_i——剪应力，MPa；

$\quad\quad$ P——总法向荷载，N；

$\quad\quad$ Q——剪切荷载，应扣除滚轴排摩擦阻力，N；

$\quad\quad$ A——剪切面面积，mm^2。

2 根据各级法向荷载下的法向应力和剪应力，在坐标图上作 $\sigma \sim \tau$ 直线，并用最小二乘法或作图法求得式(5.5.4-3)中 f' 和 c'：

$$\tau = \sigma f' + c' \qquad (5.5.4\text{-}3)$$

式中 τ——抗剪强度极限值，MPa；

$\quad\quad$ σ——法向应力，MPa；

$\quad\quad$ f'——摩擦系数；

$\quad\quad$ c'——黏聚力，MPa。

5.6 常规三轴试验

5.6.1 目的：用于测定塑性混凝土在常规三轴应力下的强度及变形性能。

5.6.2 仪器设备包括以下几种。

1 应变控制式三轴仪，要求试验机可实时同步量测荷载、轴向变形和径向变形。

2 变形测试装置，包括轴向和径向应变测试装置，测试精度 0.01 mm，量程 50 mm。采集频率不小于 5 次/s。

3 应变数据采集装置，静态应变测试分析系统，采样速率 (连续采样)：2 Hz/通道；应变计灵敏度系数：1.0~3.0 自动修正；分辨率：1 με；系统示值误差：不大于 0.5%±3 με。

4 试模：圆柱体试模，直径可为 100 mm、150 mm、200 mm 和 300 mm 等，高度为直径的 2~2.5 倍。

5.6.3 试验步骤应按以下规定执行：

1 按塑性混凝土试件的成型及养护方法的规定制作和养护试件。

2 试件的安装,试验前用热塑管密封试件(或者乳胶套密封试件),使其侧面密封。

3 安装径向和轴向传感器,并固定试件于压力室中。

4 压力室充油。

5 施加围压,加载速率0.1~0.5 MPa/min,达到设定要求后保持围压不变。

6 施加轴向压力直至试件破坏。

7 试验完成后先卸载轴压,再卸载围压。

8 取出破坏试样,并进行破坏特征描述。

5.6.4 围压的设置。

1 围压应设置3~5个级别,最大值约为实际围压的2倍,其余按相同间隔减少。

5.6.5 试验结果处理。

1 按式(5.6.5-1)~式(5.6.5-4)计算各级围压下的轴向应力、轴向应变、径向应变、体积应变。

$$q = \frac{P}{A} \tag{5.6.5-1}$$

$$\varepsilon_1 = \frac{\Delta L}{L} \times 100 \tag{5.6.5-2}$$

$$\varepsilon_3 = \frac{\Delta D}{D} \times 100 \tag{5.6.5-3}$$

$$\varepsilon_V = \frac{\Delta V}{V} \times 100 \tag{5.6.5-4}$$

式中 q——偏压, MPa;

ε_1——轴向应变(%);

ε_3——径向应变(%);

ε_V——体积应变(%);

L——试样高度,mm;

ΔL——轴向变形,mm;

D——试样直径,mm;

ΔD——径向变形,mm;

V——试样体积,mm^3;

ΔV——体积的变化量,mm^3。

2 制图。

1)根据需要分别绘制主应力差($\sigma_1-\sigma_3$)与轴向应变 ε_1 的关系曲线(见图5.6.5-1)。

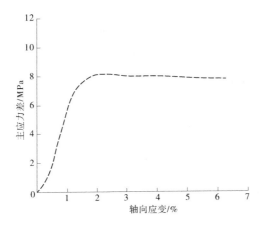

图5.6.5-1 主应力差与轴向应变的关系曲线

2)以正应力 σ 为横坐标,剪应力 τ 为纵坐标,在横坐标轴上以 $\dfrac{\sigma_{1f}+\sigma_{3f}}{2}$ 为圆心,以 $\dfrac{\sigma_{1f}-\sigma_{3f}}{2}$ 为半径,绘制不同围压下的破坏应力

圆,做诸圆包络线,包络线的倾角为内摩擦角 φ,包络线在纵轴上的截距为黏聚力 c(见图 5.6.5-2)。

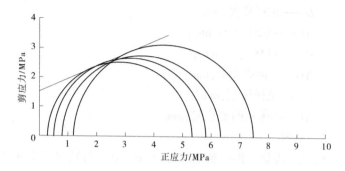

图 5.6.5-2　强度包络线

5.7　真三轴压缩试验

5.7.1　目的:用于测定塑性混凝土在真三轴应力下的强度、变形性能及破坏特征;测定真三轴应力下塑性混凝土强度与第二主应力、第三主应力的关系(见图 5.7.1);研究第二主应力对塑性混凝土抗剪强度指标的影响。

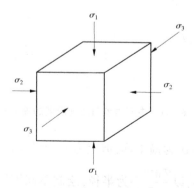

图 5.7.1　塑性混凝土真三轴压缩试验应力图

5.7.2 仪器设备包括以下几种。

1 加载装置:真三轴仪,量程 500 kN,精度 100 N。

2 应变测试装置,位移传感器,量程±25 mm,精度 0.01 mm。

3 应力测试装置,荷载传感器,压力传感器,灵敏度 1 ~ 1.5 mV/V。

4 应变数据采集装置,与塑性混凝土常规三轴试验所用装置相同。

5 试模:150 mm×150 mm×150 mm 的立方体标准试模。

5.7.3 试验步骤应按以下规定执行。

1 按塑性混凝土试件的成型及养护方法的规定制作和养护试件。

2 将立方体试件放入压力室,在其 4 个侧面及顶面放置 5 个压力触头,5 个压力触头通过荷载传感器与油压千斤顶相连。

3 在 5 个压力触头上安装 10 个平行于加载方向的位移传感器。

4 侧压的施加:试验采用分级加载,同时施加第一主应力、第二主应力和第三主应力,每级增加 0.2 MPa 或 0.4 MPa。试验时,先把表盘压力调整到设定值,然后同时打开三向压力控制开关,待各向应力达到设定值并稳定后,采集应力和应变数据。

5 待第二主应力、第三主应力先后达到设计值后停止该向增加荷载,并保持该向荷载恒定。

6 按照试验的加载设计,逐级增加轴向应力。由于试验过程中塑性混凝土试件处于加载端包围之中,试件裂缝不能直接观察,考虑到试验系统的安全性,一般出现下列情况之一时即认为试件破坏:轴向荷载不能继续增加;荷载稳定后变形急剧增加等。

5.7.4 试验结果处理。

1 数据处理。

按式(5.7.4-1) ~ 式(5.7.4-9)计算各级围压下的轴向应力、轴向应变、体积应变,取 3 个试件测值的平均值为本级围压下的计算值。

$$\sigma_1 = \frac{P_1}{A} \qquad (5.7.4\text{-}1)$$

$$\sigma_2 = \frac{P_2}{A} \qquad (5.7.4\text{-}2)$$

$$\sigma_3 = \frac{P_3}{A} \qquad (5.7.4\text{-}3)$$

$$\overline{\sigma} = \frac{\sigma_1 + \sigma_2 + \sigma_3}{3} \qquad (5.7.4\text{-}4)$$

$$\varepsilon_1 = \frac{\Delta L_1}{L} \times 100 \qquad (5.7.4\text{-}5)$$

$$\varepsilon_2 = \frac{\Delta L_2}{L} \times 100 \qquad (5.7.4\text{-}6)$$

$$\varepsilon_3 = \frac{\Delta L_3}{L} \times 100 \qquad (5.7.4\text{-}7)$$

$$\overline{\varepsilon} = \frac{\varepsilon_1 + \varepsilon_2 + \varepsilon_3}{3} \qquad (5.7.4\text{-}8)$$

$$\varepsilon_V = \frac{\Delta V}{V} \times 100 \qquad (5.7.4\text{-}9)$$

式中 σ_1、σ_2、σ_3——第一主应力、第二主应力、第三主应力方向的抗压强度，MPa；

ε_1、ε_2、ε_3——第一主应力、第二主应力、第三主应力方向的应变（%）；

$\overline{\sigma}$——平均应力，MPa；

$\overline{\varepsilon}$——平均应变（%）；

ε_V——体积应变（%）；

其他符号含义同前。

2 破坏准则。

塑性混凝土破坏准则在八面体应力空间的表达式可参考式(5.7.4-10):

$$\tau_0 = A + B\sigma_0 + C\sigma_0^2 \qquad (5.7.4\text{-}10)$$

$$\tau_0 = \frac{\tau_{oct}}{f_{cu}}, \quad \sigma_0 = \frac{\sigma_{oct}}{f_{cu}}$$

式中　τ_{oct}、σ_{oct}——八面体的剪应力和正应力,MPa;

　　　f_{cu}——立方体单轴抗压强度,MPa;

　　　A、B、C——材料参数。

识别及标定方法根据真三轴压缩试验结果,用最小二乘法回归确定式(5.7.4-10)中的参数。

3 作图。

1) 根据需要分别绘制主应力差σ_1与轴向应变ε_1的关系曲线(见图5.7.4-1),轴向应变ε_1与侧向应变(ε_2、ε_3)、体应变(ε_V)之间的关系曲线(见图5.7.4-2)。

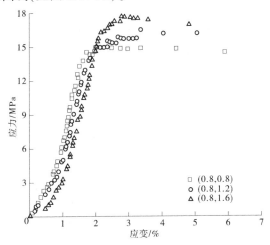

图 5.7.4-1　塑性混凝土在不同侧压下的应力–应变曲线

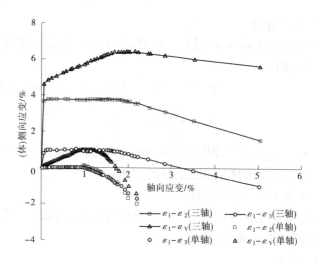

图 5.7.4-2 轴向应变-(体)侧向应变曲线

2）以正应力 σ 为横坐标，剪应力 τ 为纵坐标，在横坐标轴上以 $\dfrac{\sigma_{1f}+\sigma_{3f}}{2}$ 为圆心，以 $\dfrac{\sigma_{1f}-\sigma_{3f}}{2}$ 为半径，固定第二主应力，绘制不同第三主应力下的破坏应力圆，作诸圆包络线，包络线的倾角为内摩擦角 φ，包络线在纵轴上的截距为黏聚力 c（见图 5.7.4-3）。

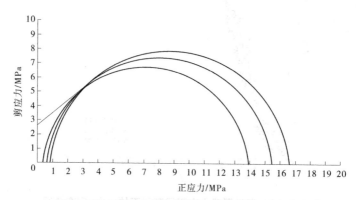

图 5.7.4-3 强度包络线（第二主应力 0.6 MPa）

图 5.7.4-1 中,(0.8,0.8)分别表示第二主应力、第三主应力为 0.8 MPa 和 0.8 MPa,(0.8,1.2)分别表示第二主应力、第三主应力为 0.8 MPa 和 1.2 MPa,(0.8,1.6)分别表示第二主应力、第三主应力为 0.8 MPa 和 1.6 MPa。

5.8 动力性能试验

5.8.1 目的:测定塑性混凝土在动应力作用下的应力、应变和孔隙水压力的变化过程,从而确定其在动力作用下的破坏强度(包括液化)、应变大于 10^{-14} 时的动弹性模量和阻尼比等动力特性指标。

5.8.2 仪器设备包括以下几种。

电磁式振动三轴仪:有常规控制式和微机控制式两种。其组成包括主机、静力控制系统、动力控制系统和量测系统。

1 主机:包括压力室和激振器等。

2 静力控制系统:用于施加侧向压力、轴向压力、反压力,包括储气罐、调压阀、压力表和管路等。

3 动力控制系统:包括交流稳压电源、超低频信号发生器、超低频峰值电压表、电源、功率放大器、超低频双线示波器等,或采用振动控制器和测量放大器。激振波形良好,拉压两半周幅值和持时基本相等,相差应小于±10%。

4 量测系统:用于量测轴向应力、轴向位移及孔隙水压力,由传感器、动态电阻应变仪、光线记录示波器或 $x \sim y$ 函数记录仪等组成。若采用微机控制和数据采集系统,应编制控制程序、数据采集和处理程序、绘图和汇总试验成果程序和打印程序。配打印机或绘图仪。整个系统的各部分均应有良好的频率响应,性能稳定,不应超过允许误差范围。

5.8.3 试验步骤应按以下规定执行：

1 按规定制作和养护试件,参考附录B。

2 到达试验龄期时,从养护室取出试件,并尽快试验。试验前需用湿布覆盖试件,防止试件失水。

3 试验前将试件擦拭干净,测量尺寸,并检查其外观,当试件有严重缺陷时,应废弃。试件尺寸测量精确至1 mm,并据此计算试件的承压面面积,如实测尺寸与公称尺寸之差不超过1 mm,可按公称尺寸进行计算。试件承压面的不平整度误差不得超过边长的0.05%,承压面与相邻面的垂直度不应超过±1°。

4 本试验采用的试样直径为50 mm或100 mm,高度以试样直径的2~2.5倍为宜。

5 试样安装。先将激振器动圈调至水平位置,打开供水阀,使试样底座充水排气。

6 动强度试验:

1)常规控制式操作步骤。

a. 开动动力控制系统和量测系统仪器的电源,预热30 min。将信号发生器的"波形选择""时间周期"(频率)旋钮旋到所需的位置,对振动频率无特殊要求时,宜采用1 Hz。

b. 根据预估的动应力,选择动态电阻应变仪中的应力、变形和孔隙水压力的"衰减"挡以及功率放大器上的"输出调节"、信号发生器上的"输出衰减"和"输出调节",使动态电阻应变仪、光线记录示波器(或绘图仪)等处于工作状态。

c. 选好拍摄速度、开启光线记录示波器的电动机和拍摄按钮,记录光点初始位置。

d. 启动功率放大器,对试样施加预估的动应力,用光线记录示波器(或绘图仪)记录动应力、动应变和孔隙水压力的时程曲线。在振动过程中,应随时注意观察试样和光点有无异常变化,如波形过大或过小,应及时改变"衰减"挡,并在记录上注明。

e. 对等向固结的试样,当孔隙水压力等于侧向压力;不等向固结的试样应变达 10% 时,再振 10~20 周停机。测记振后的排水量和轴向变形量。

f. 将应变仪"衰减"挡调至零位,关闭仪器电源,卸除压力,拆除试样,描述试样破坏形状,称试样质量。

g. 对同一密度的试样,宜选择 1~3 个固结应力比。在同一固结应力比下,应选择 1~3 个不同的侧向压力。每一侧向压力下用 3~4 个试样,选择不同的振动破坏周次(10 周、20~30 周和 100 周左右)。

2) 微机控制式操作步骤。

a. 系统调零:

①按电控柜"ON"键一次亮灯,开计算机(或复位),输入运行程序(按仪器使用说明书操作)。

②根据屏幕提示,选择相应的功能键,进行测量系统调零。旋转测量放大器面板上的各个调零电位器,使屏幕上相应的轴向力、轴向位移、孔隙水压力值为零。

b. 振动试验:

①按电控柜"ON"键两次,功率放大器和励磁电源灯依次亮。励磁电流值为 4 A 左右,待稳定后,再按"ON"键一次,震动线圈灯亮。

②返回采集和控制程序主菜单,根据屏幕提示,选择试验类

型、波型等,并根据屏幕提示,逐项设置。

③当屏幕上提示"Y/N?"时,将功率放大器增益调节开关向右旋到最大,键入"Y",开始振动试验。当试验按设置的程序运行后,自动返回命令执行菜单,将功率放大器增益调节开关向左旋至关上。试验过程中计算机自动采集数据。

c. 试验结束,卸去压力,拆除试样,描述试样破坏特征。

d. 利用数据处理程序,计算机进行数据处理、绘图、汇总结果并存盘、打印。

3) 动弹性模量和阻尼比。

a. 仪器的预热和调试按相关的规定进行,并调好 $x \sim y$ 函数记录仪初始相位,放下记录笔。

b. 选择动力大小。在不排水条件下对试样施加动应力,测记动应力、动应变和动孔隙水压力,同时用 $x \sim y$ 函数记录仪绘制动应力和动应变滞回圈,直到预定振次时停机,拆样。

c. 同一干密度的试样,在同一固结应力比下,应在 1~3 个不同的侧压力下试验,每一侧压力,宜用 5~6 个试样,改变 5~6 级动力,按上述步骤进行试验。

5.8.4 计算和制图。

1 动强度计算。

1) 初始剪应力比按式(5.8.4-1)计算:

$$\alpha = \frac{\tau_0}{\sigma'_0} \tag{5.8.4-1}$$

$$\tau_0 = \frac{(K_c - 1)\sigma'_{3c}}{2} = \frac{1}{2}(\sigma_{1c} - \sigma_{3c})$$

$$\sigma'_0 = \frac{(K_c + 1)\sigma'_{3c}}{2} = \frac{1}{2}(\sigma_{1c} + \sigma_{3c}) - u_0$$

式中　α——初始剪应力比；

　　　τ_0——振前试样45°面上的剪应力，kPa；

　　　σ_0'——振前试样45°面上的有效法向应力，kPa；

　　　K_c——固结应力比；

　　　σ_{3c}'——有效侧向固结应力，kPa；

　　　σ_{1c}——轴向固结应力，kPa；

　　　σ_{3c}——侧向固结应力，kPa；

　　　u_0——初始孔隙水压力，kPa。

2）按下列公式计算动应力、动应变和孔隙水压力。

①动应力按公式（5.8.4-2）计算：

$$\sigma_d = \frac{K_\sigma L_\sigma}{A_c} \times 10 \qquad (5.8.4-2)$$

式中　σ_d——动应力（取初始值），kPa；

　　　K_σ——动应力传感器标定系数，N/cm；

　　　L_σ——动应力光点位移，cm；

　　　A_c——试样固结后面积，cm²；

　　　10——单位换算系数。

②动应变按式（5.8.4-3）计算：

$$\varepsilon_d = \frac{\Delta h_d}{h_c} \times 100 \qquad (5.8.4-3)$$

$$\Delta h_d = K_e L_e$$

式中　ε_d——动应变（%）；

　　　Δh_d——动变形，cm；

　　　K_e——动变形传感器标定系数，cm/cm；

L_e——动变形光点位移,cm;

h_c——固结后试样高度,cm。

③动孔隙水压力按式(5.8.4-4)计算:

$$u_d = K_u L_u \qquad (5.8.4-4)$$

式中 u_d——动孔隙水压力,kPa;

K_u——动孔隙水压力传感器标定系数,kPa/cm;

L_u——动孔隙水压力光点位移,cm。

3)按下列公式计算动剪应力、总剪应变。

①动剪应力按式(5.8.4-5)计算:

$$\tau_d = \frac{1}{2}\sigma_d \qquad (5.8.4-5)$$

式中 τ_d——动剪应力,kPa;

其他符号含义见式(5.8.4-2)。

②总剪应力按式(5.8.4-6)计算:

$$\tau_{sd} = \frac{\sigma_{1c} - \sigma_{3c} + \sigma_d}{2} = \tau_0 + \tau_d \qquad (5.8.4-6)$$

式中 τ_{sd}——总剪应力,kPa;

其他符号含义同前。

4)以动剪应力为纵坐标,破坏振次为横坐标,绘制不同固结应力比时不同侧压力下的动剪应力和振次关系曲线(见图5.8.4-1)。

5)以振动破坏时试样45°面上的总剪应力($\tau_0 + \tau_d$)为纵坐标,振动前试样45°面上的有效法向应力为横坐标,绘制给定振次下,不同初始剪应力比时的总剪应力与有效法向应力关系曲线(见图5.8.4-2)。

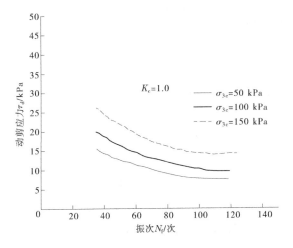

图 5.8.4-1　动剪应力与振次的关系曲线

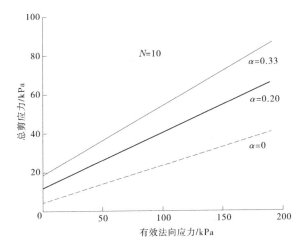

图 5.8.4-2　总剪应力与有效法向应力的关系曲线

2 动弹性模量和阻尼比计算。

1) 动弹性模量 E_d 按式(5.8.4-7)计算:

$$E_d = \frac{\sigma_d}{\varepsilon_d} \qquad (5.8.4\text{-}7)$$

式中 σ_d——动应力,kPa;

ε_d——动应变(%)。

2) 阻尼比 λ_d 按式(5.8.4-8)计算:

$$\lambda_d = \frac{1}{4\pi} \frac{A}{A_s} \qquad (5.8.4\text{-}8)$$

式中 A——滞回圈 $ABCDA$ 的面积,cm²,见图5.8.4-3;

A_s——三角形 OAE 的面积,cm²。

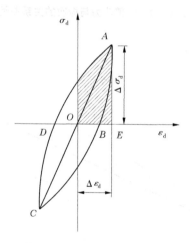

图5.8.4-3 应力应变滞回圈

6 塑性混凝土渗透性能试验

6.1 室内渗透试验

6.1.1 目的:用于测定塑性混凝土的渗透系数。

6.1.2 仪器设备包括以下几种。

1 加压系统:自动加压系统由加压泵产生加压液体,经过压力控制系统,由高压软管输送到试样进水端,加压系统应能使水压按规定要求稳定地作用在试件上。

2 渗透试验试模:如图 6.1.2 所示,应采用金属试模,试模由上盖、样品固定装置(压力室)及基座组成,顶盖上布置有两贯通的管孔连接到样品夹持器内,其中一出水孔为出水或排气用,另一进水口连接充满纯水或脱气水的电动压力缸(压力缸内径小于 50 mm),通过活塞的直线位移测定渗入试样的流量;也可以通过橡胶管连接排水量体变管测定渗流流量;试模上口内径应为 75 mm,下口内径应为 78 mm,高度为 50~80 mm。

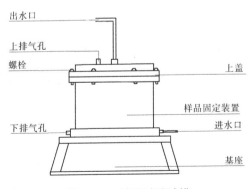

图 6.1.2 渗透试验试模

3 压力表或压力传感器:量程应为0~2.5 MPa,精确度应不低于0.4级。

4 密封材料:可采用水泥加黄油密封材料。

5 滴定管或充满纯水或脱气水的电动压力缸:测量精度应不大于0.1 mL或0.5 r/min。

6 秒表或自动计时器:分度值或精度应不大于1 s。

7 试验用水:应采用纯水或脱气水。

6.1.3 塑性混凝土渗透试验装置的要求。

1 渗透容器:应由渗透试模、内置密封垫圈等组成(见图6.1.3)。

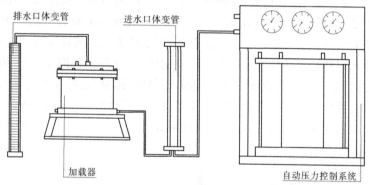

排水口体变管　　进水口体变管

加载器

自动压力控制系统

图6.1.3 塑性混凝土防渗墙渗透系数测定装置

2 塑性混凝土渗透试验装置:应由渗透容器、加压器、压力表、出水管、进水管等组成。

6.1.4 塑性混凝土渗透试验试件制备应符合以下规定:

塑性混凝土防渗墙工程施工完成后,通过金刚石取芯钻钻取岩芯,将试样锯成试验所需的长度,并制作成规定尺寸的圆台形试件,试样的底部半径要略微大于其顶部半径,一般两者相差2~3 mm。完成后置于22~25 ℃的温水中进行养护。

6.1.5 试验步骤应按以下规定执行。

1 在测定渗透系数之前,试样应一直浸泡在水中。

2 将制好的试验样品置入样品固定装置(压力室)内,直径大的一端为进水端(下口端),直径小的一端为出水端(上口端),保证测试样品在试验过越压越紧。在样品和样品固定装置(压力室)的缝隙中填满止水材料,待其风干后完全填充其缝隙,使得水不会通过这些缝隙流通,有效避免样品固定装置与被测试件接触面的渗漏。将上盖放到样品固定装置(压力室)的上面,并通过螺栓固定住。

3 通过高压软管将底座管口与电动压力缸或体变管进行连接,电动压力缸或体变管另一端连接至液体(水)加压系统。

4 通过充满纯水或脱气水的电动压力缸或体变管对压力室加水,待顶盖和底座处管口均有水流出时,关闭加压系统,并通过阀门关闭管口。

5 通过水压加载设备加载试验所需水压 P,开始进行渗流试验,通过读取电机编码器所反馈的信息,自动采集电动压力缸在单位时间 t 内渗入试样的水量 W,当前后两次渗水量差值稳定或试件上口端表面有"冒汗"现象时,可以判断渗流稳定,随后读取连续 3~4 个单位时间 Δt 内的渗流流量 W_t,当连续几个单位时间内 W_t 的数值保持稳定时,可以结束试验。

6 试验持续时间应根据渗水量稳定情况而确定,当由渗水量计算的渗透系数不大于 2×10^{-8} cm/s 时,即可停止试验。

6.1.6 试验结果计算及确定应符合下列规定:

1 渗透系数 K_T 及水力坡降 J 按式(6.1.6-1)和式(6.1.6-2)计算:

$$K_T = \frac{W_t \times H}{A \times \Delta t \times p \times 10} \qquad (6.1.6\text{-}1)$$

$$J = \frac{p \times 10}{H} \qquad (6.1.6\text{-}2)$$

式中 K_T——在水温为 $T(\text{℃})$ 时试样的渗透系数,cm/s;

$\quad\quad W_t$——单位时间 Δt 内渗流的流量,cm^3;

$\quad\quad H$——试样的高度(渗径),cm;

$\quad\quad \rho_w$——水温为 $T(\text{℃})$ 时水的密度,g/cm^3;

$\quad\quad \Delta t$——渗流时间,s;

$\quad\quad A$——试样过水面面积,cm^2;

$\quad\quad p$——渗透压力,kPa。

2 每个试件应至少测定 6 次,并应取 3~4 个在允许差值范围内的相近值的平均值,作为该塑性混凝土试件在某一龄期下的渗透系数,允许差值不应大于 2×10^{-8} cm/s。

3 试验结果的确定应符合下列规定:

1)每组应制作 3 个试件,分别测定渗透压力 p;

2)当 3 个试件在相同的渗透压力 p 下渗水时,应计算 3 个试件的渗透系数平均值作为该组试件的渗透系数,结果精确至 0.01×10^{-8} cm/s;

3)当 3 个试件中有 2 个试件在相同的渗透压力 p 下渗水时,应以这 2 个试件渗透系数平均值作为该组试件的渗透系数,结果精确至 0.01×10^{-8} cm/s;

4)当 3 个试件在不同的渗透压力 p 下渗水时,该组试件的试验结果应作废,并应重新制作试件。

6.2 塑性混凝土压水试验

6.2.1 目的:用于现场测定塑性混凝土的渗透系数。

6.2.2 仪器设备包括以下几种。

1 止水栓塞。

1)栓塞与孔壁应有良好的适应性,止水可靠,操作方便。

2)止水栓塞宜采用单管水压式、单管预压式和双管循环式、气压式等四种。

2 加压器:自动加压系统由加压泵产生加压液体,经过压力控制系统,由加压软管输送到试验段,应能使水压按规定要求稳定地作用在钻孔中。

3 压力表(或压力传感器):量程为 0~2.5 MPa,精确度应不低于0.4 级。

4 渗入法测试设备:测量精度应不大于0.1 mL。

5 秒表(或自动计时器):分度值(或精度)应不大于 1 s。

6 试验用水:应采用纯水或脱气水。

6.2.3 塑性混凝土压水试验的一般规定。

1 试验宜采用自上而下的分段压水法进行。

2 试验段长度宜为 50 mm。对某些特殊孔段,可以根据具体情况确定。

3 相邻试验段之间应互相衔接,可少量重叠,不应漏段。

4 压水试验工作,按一个压力阶段进行。当试验段漏水量过大而达不到预定压力时,可按实际能达到的最大总压力值进行试验。

5 试验钻孔的质量应符合:预定安置栓塞部位的孔壁应保证平直完整。

6.2.4 试验准备。

1 现场试验工作应包括钻孔、下置栓塞隔离试验段、仪器安装、压力和流量观测等步骤。其中压力和渗流量观测同 6.1 节。

2 试验开始前,应对各种设备、仪器仪表的性能和工作状态进行检查,发现问题立即处理。

3 安装栓塞前,应验证孔深,并根据试段位置,确定工作管总长度。

4 栓塞必须进行加压检查,合格后方可下入孔内。

5 工作管不得有破裂、扭曲和堵塞,接头不应漏水。

6 栓塞应放在预定位置,定位应准确,然后加压或充水使栓塞膨胀,检查止水效果。当栓塞隔离无效果时,应分析原因,采取移动栓塞、更换栓塞等措施。当栓塞止水无效时,应将栓塞向上移动,但不宜超过上一试验段栓塞的位置。

7 栓塞安装后,应准确测量工作管的孔上余尺,求出栓塞底深度和试段长度,并绘制栓塞安装草图。

6.2.5 试验步骤应按以下规定执行。

1 压水试验工作,按一个压力阶段进行。

2 压水试验的总压力值和设计水头高度相应,但当设计水头低于 30 m 时,宜采用 30 m 垂直水柱的压力。

3 当试验段漏水量过大而达不到预定压力时,可按实际能达到的最大总压力值进行试验。

4 试验压力应保持稳定,每 30 min 测读一次压入流量。当试验结果符合下列标准之一时,试验工作即可结束,并以最终流量读数作为计算流量。

1)当流量连续 4 次读数,其最大值与最小值之差小于最终值的 10%;

2)连续 4 次读数,流量均小于 0.5 L/min。

5 压水试验结束前,要认真检查记录是否齐全、正确、清晰,如有错误要及时纠正。

6.2.6 资料整理及结果计算。

1 试验结果的处理参照 6.1.6 执行。其中,渗径 H 为试验段钻孔壁至塑性混凝土与土分界面的最小距离。

2 钻孔中每一分段的渗透系数值,应表示在有钻孔结构、试段深度、相应标高等内容的柱状图中。

附录 A 室内拌和方法

A.0.1 目的:为室内试验提供塑性混凝土拌合物。

A.0.2 仪器设备及工具。

1 搅拌机:容量 50~100 L,转速 18~22 r/min。

2 拌和钢板:平面尺寸不小于 1.5 m×2.0 m,厚 5 mm 左右。

3 磅秤:称量 50~100 kg,感量不大于 50 g。

4 电子秤:称量 10 kg,感量不大于 5 g。

5 电子天平:1 kg,感量不大于 0.1 g。

6 温度计:刻度 0~50 ℃,分度值 0.5 ℃。

7 筛子:4.75 mm 方孔筛。

8 盛料容器和铁铲等。

A.0.3 基本要求。

1 在拌和塑性混凝土时,拌和间温度宜保持在 20 ℃±5 ℃。塑性混凝土拌合物应避免阳光直射及风吹。

2 用以拌制塑性混凝土的各种材料,其温度应与拌和间温度相同。

3 粗、细骨料用量均以饱和面干状态下的质量为准,膨润土、黏土以干燥状态为准。黏土成团时应捣碎过 4.75 mm 方孔筛后使用。

4 一次拌和量不宜少于搅拌机容量的 20%,不宜多于搅拌机容量的 80%。

5 材料用量以质量计。称量精度:水泥、掺合料、水和外加剂为±0.3%,骨料为±0.5%。

A.0.4 操作步骤。

1 拌和前应将搅拌机冲洗干净并预拌少量几种塑性混凝土拌合物或水胶比相同的砂浆,使搅拌机内壁挂浆,然后将剩余料卸出。

　　2　将称好的粗骨料、细骨料、水泥、膨润土(黏土)、水(外加剂宜先溶于水)依次加入搅拌机,开动搅拌机搅拌 3~4 min。

　　3　将拌好的塑性混凝土拌合物卸在钢板上,刮出黏结在搅拌机上的拌合物,人工翻拌 2~3 次,使之均匀。

附录 B 试件的成型与养护方法

B.0.1 目的:为塑性混凝土性能试验制作试件。

B.0.2 仪器设备及工具。

1 试模:试模最小边长应不小于最大骨料粒径的 3 倍。试模拼装应牢固,不漏浆,振捣时不得变形。尺寸精度要求:边长误差不得超过边长的 1/150,角度误差不得超过 0.5°,平整度误差不得超过边长的 0.05%。

2 振动台:频率 50 Hz±3 Hz,空载时台面中心振幅 0.5 mm± 0.1 mm。

3 捣棒:直径 16 mm,长 650 mm,一端为弹头形的金属棒。

4 养护室:标准养护室温度应控制在 20 ℃±3 ℃,相对湿度 95%以上。

B.0.3 试验步骤。

1 制作试件前应将试模清擦干净,并在其内壁上均匀地刷一薄层矿物油或其他脱模剂。

2 拌制塑性混凝土拌合物。

3 试件的成型方法宜采用捣棒人工捣实。每次装料厚度不应大于 100 mm,插捣应按螺旋方向从边缘向中心均匀进行,插捣底层时,捣棒应达到试模底面,插捣上层时,捣棒应穿至下层 20～30 mm,插捣时捣棒应保持垂直,同时还应用抹刀沿试模内壁插入数次,插捣后适当进行手动磕振。每层的插捣次数一般每 100 cm² 不少于 12 次(以插捣密实为准)。采用振动台成型时,应将塑性混凝土拌合物一次装入试模,装料时应用抹刀沿试模内壁略加插捣,并使塑性混凝土拌合物高出试模上口,振动应持续到塑性混凝土表面出浆为止,振动时间宜为 10 s。

4 试件成型后,在塑性混凝土初凝前 1～2 h,需进行抹面,要求沿模口抹平。

　　5　成型后的带模试件宜用湿布或塑料薄膜覆盖,以防止水分蒸发。在 20 ℃±5 ℃的室内宜静置 48~72 h,然后编号并拆模。拆模后的试件应立即放入标准养护室中养护,在标准养护室内试件应放在养护架上,彼此间隔 1~2 cm,不应用水直接冲淋试件。

本标准用词说明

1 为方便在执行本标准条文时区别对待,对要求严格程度不同的用词说明如下。

1)表示很严格,非这样做不可的:

正面词采用"必须",反面词采用"严禁"。

2)表示严格,在正常情况下均应这样做的:

正面词采用"应",反面词采用"不应"或"不得"。

3)表示允许稍有选择,在条件许可时首先应这样做的:

正面词采用"宜",反面词采用"不宜"。

4)表示有选择,在一定条件下可以这样做的,采用"可"。

2 在标准中指明应按其他有关标准执行的写法为"应符合……的规定"或"应按……执行"。

本标准引用标准名录

1 《铸造用砂及混合料试验方法》(GB/T 2684)

2 《膨润土》(GB/T 20973)

3 《混凝土强度检验评定标准》(GB/T 50107)

4 《混凝土质量控制标准》(GB 50164)

5 《水利水电工程钻孔压水试验规程》(SL 31)

6 《水工混凝土试验规程》(SL/T 352)

7 《水工塑性混凝土试验规程》(DL/T 5303)

8 《检定铸造粘结剂用标准砂》(GB/T 25138)

9 《水泥土配合比设计规程》(JGJ/T 233)

10 《现浇塑性混凝土防渗芯墙施工技术规程》(JGJ/T 291)

河南省工程建设地方标准

防渗墙塑性混凝土试验技术标准

DBJ41/T 254—2021

条 文 说 明

目　次

1 总　则

1.0.1　本标准中的塑性混凝土,主要指用于防渗墙的塑性混凝土,防渗墙是采用专门设备、以开槽等施工方法建造的起防渗作用的地下连续墙体。

2 术 语

2.0.5 真三轴压缩试验是模拟试件受到三向荷载的情况下,试件内任一小单元所承受的应力状态。研究在主应力方向固定的条件下,主应力与应变的关系及强度特性。

3 原材料试验

3.1.2 砂料标准筛孔形为"方孔"。

3.6.1 人工砂中小于 0.16 mm 的颗粒称为"石粉",石粉中小于 0.08 mm 的颗粒称为微粒。

4 塑性混凝土拌合物性能试验

4.1.1 考虑到塑性混凝土的流动性较强,仅用坍落度难以反映其流动性,参考现有的高流动性混凝土及高性能混凝土流动性扩散试验方法制定本试验方法,对其扩散度进行试验。

5 塑性混凝土力学性能试验

5.4.3 棱柱体试件到达试验龄期时,将试件从养护室取出,擦净表面,用湿布覆盖,以保持潮湿状态,并尽快试验。为保证试件均匀性,试件从养护室取出后,应水平放置试件。

5.5.2 塑性混凝土抗剪强度试验中如果采用剪切盒,正应力取值不应超过其单轴抗压强度的 80%;如果不采用剪切盒,正应力取值不应超过塑性混凝土单轴抗压强度的 50%。

5.6.1 塑性混凝土常规三轴试验时,围压最大取值原则上不超过其单轴抗压强度的 50%。

5.7.1 塑性混凝土真三轴压缩试验时,侧压最大取值原则上不超过其单轴抗压强度的 40%。

6 塑性混凝土渗透性能试验

6.1.1 测定塑性混凝土的渗透系数的试件为塑性混凝土防渗墙施工完成后,利用金刚石取芯机钻取,并制作成规定尺寸的圆台形试件,仅用于室内试验。

6.2.1 压水试验是用栓塞将塑性混凝土钻孔并隔离出一定长度的孔段,向该孔段压水,根据压力与流量的关系,确定塑性混凝土渗透性能的一种原位渗透试验。

6.2.2 栓塞为将钻孔隔离出单独孔段的试验设备。

6.2.3 试验段长度为栓塞底部至孔底或两栓塞之间,试验用水可以进入塑性混凝土的孔段长度。